ヒト・昆虫・動植物を誘う嗅覚

匂いが命を決める

DIE NASE VORN

Eine Reise in die Welt des Geruchssinns

BILL S. HANSSON

ビル・S・ハンソン

大沢章子＝訳

AKISHOBO

匂いが命を決める

DIE NASE VORN

Eine Reise in die Welt des Geruchssinns

By BILL S. HANSSON

はじめに

季節は春で、畑は耕されたばかり。あたりには独特の心地よい香りが漂っている。もしもあなたが過去にそんなひとときを経験したことがあれば、その香りを嗅いだだけで、まさにその風景が頭に浮かんでくるだろう。春先の、鋤《す》き起こされた農地が。おそらくあなたは、自分でも気づいていない無意識の記憶によって過去に引き戻されているのだ。

感覚的な体験のなかでも、嗅覚的体験（匂い）ほど過去の経験を呼び覚ます力をもつものはない。まるで、適切な匂いによって再び呼び起こされるのを、記憶が待ち構えているかのようだ。記憶を呼び覚ます匂いの効果を描いた文学作品として、もっともよく知られているのは、マルセル・プルーストの七巻から成る名作『失われた時を求めて』の第一巻である。物語は、マドレーヌや小さいスポンジケーキの甘い香りが著者の幼少期や大人になってからの記憶を蘇《よみがえ》らせるエピソードからはじまる。しかし、嗅覚は人だけがもつ感覚ではない。

すべての生物は、背骨の有無にかかわらず、昆虫から人にいたるまで、周囲の状況を理解したり、たがいにコミュニケーションを取ったりするために嗅覚を利用している。生物のさまざまな種は、進化の過程で多かれ少なかれ何らかの情報に頼るようになった。コオロギやコウモリは超音波を大いに利用しているし、トンボや人は視覚に頼るところが多く、豚や犬は嗅覚の鋭さで知られている。

人は非常に視覚的な存在なので、ほかの感覚を忘れがちだ。なかでも嗅覚はとくに忘れられやすい。これは一つには、人が今、化学的な情報にそれほど頼らない生活をしているからでもある。また、匂いにはどこか原始的で敬遠したくなる感じがある。人が、自分が放つごく自然な匂いを隠したがり、躍起になって人工的な匂いでごまかしたり、デオドラント剤で匂いを消そうとしたりすることを考えればわかる。

人はほかの種ほどは嗅覚情報に頼っていない、とあなたは思うかもしれないが、じつはそうではない。人の生活の重要な場面の多くが、嗅覚に大きく頼っている。なぜ、どのように頼っているかを、人の嗅覚の章で詳しく考えていきたいと思う。

人以外の動物にとっては、嗅覚の鋭さは生存と繁殖のために非常に重要な意味をもっている。今を去る一八〇〇年代に、フランスの昆虫学者ジャン・アンリ・ファーブルは、自宅のカゴに入れていたメスの蛾《が》に多数のオスの蛾が引き寄せられているのに気づき、そこに匂いが関わっているのではないかと考えた。今では、彼の推測が正しかったことがわかっている。蛾のオスは、おそらく生物のなかでもっとも鋭い嗅覚をもっていて、メスが放出する、ホメオパシー療法〔医学の代替的アプローチ法。薬剤が微量であるほど効果があるとされる〕に使われる薬剤と同じくらい微量な匂いの跡さえも追うことができる。

サケが、自分が生まれた川の支流に産卵のために戻ってくるときには、匂いを頼りに帰路を探し当てる。鋭い嗅覚がなければ、サケは道に迷ってしまうだろう。水には特徴的な匂いがあるため、川の支流を、それぞれがもつ特有の匂いで区別できるのだ。犬のオスは、感度は及ばないかもしれないが、蛾のオスと同じくらい鋭い嗅覚で発情期のメスの匂いを察知する。そのときの犬は、人間の一〇〇〇倍も鋭い嗅覚を使っている。人は、犬のその能力をさまざまな場面で利用してきた。狩りや追跡はもちろん、地震の犠牲者の捜索や、ガンの診断にまで使われている。犬は、視覚的な風景ではなく匂いの風景の中で暮らしている。そのため犬は、その場で起きた一連の出来事を視覚的な印象ではなく、匂いとして「見て」いる。匂いはその場所に長く留まり、何が起きたかを――あるいはだれが通りかかったかを――その光景が目撃されたずっとあとになっても犬に伝えることができるのだ。

鳥は嗅覚をもたないか、もっていても非常にお粗末なものだと長いあいだ考えられてきた。しかし現在では、そうではないことがわかっている。ハゲワシは、はるか彼方の動物の死骸が放つ特徴的な匂い分子を嗅ぎ取ることができる。一方、アホウドリなどの海鳥は、匂いを手がかりにプランクトンが豊富な場所、つまり彼らにとって良い漁場を探し当てる。

もっと驚きなのは、植物も匂いを感知でき、匂いのメッセージを送り合っているという事実かもしれない。植物はまた、特殊な匂いを用いて敵や味方を操縦している。たとえば、蛾の幼虫に攻撃された植物は、放出する揮発性物質を変化させる。あらたに放出された匂い分子は、その植物に二つのプラスの効果をもたらす。一つは、食害されていることを近くにいる同種の仲間に知らせて、その草食動物が彼らのところに向かう前に防御態勢を整えられるようにすることだ。もう一つは、攻撃者の天敵を呼び寄せて「助けを求める」ことである。あなたの敵の敵はあなたの友となる。植物の世界でもそれは同じなのだ。

ほかには、植物は進化によって、受粉を媒介する昆虫を引き寄せる力を発達させてきた。これは、普通は双方に利益があるウィン・ウィンの関係だ。しかしときおり、植物が昆虫を欺《あざむ》き、仕事だけさせてどんな報酬もあたえないことがある。

これらのさまざまな例から、地球上のほとんどの生物が、生存と繁殖のために匂いの情報に頼っていることは明らかだ。周囲の化学的状況を感知する能力をもつことによって、状況に適応することができ、必要とする資源やパートナーを見つけ、多様な敵や有害物質、病原体を回避することができるのだ。

しかし、匂いがどのような役割を果たしているかを理解する前に、まずは匂いとは実際どういうものであるのかを知っておくべきだろう。匂いと味は、どちらも化学的情報でできている。水溶液中の分子は味を感じさせ、空中の分子は匂いを感じさせる。何かが匂いを発するためには、空中に浮遊できるほど軽い分子を放出する必要がある。砂糖の粒が匂わないのは、分子が重すぎて舞い上がれないからだ。一方、レモンが放つ分子を、ほかの何かの匂いと間違う人はいない。

リモネンやシトラールは、空中に漂って簡単にわたしたちの鼻まで届く。

ただし、放出された分子のすべてが匂うわけではない。分子は、別の生物によって感知されてはじめて、たとえばバナナの匂いとなる。有機体から放出される分子の数は驚くほど多い。一本のバナナは異なる何百個もの分子を放出している。そのうち、昆虫や人間の鼻によって実際に匂いとして感知される分子はほんの少しで、それ以外のすべてはただの揮発性の分子に過ぎない。

匂いを感知するには、どんな動物も何らかの検知システムを必要とする。匂いを感じ取るためには、神経系の特別な部位が外界と接触する必要があり、またその部位に、匂いに関わる分子を検知する特殊な受容体が備わっていなくてはならない。じっさい人の鼻は、神経系が周囲の環境と直接接触している唯一の部位である。鼻では、神経が周囲の環境に露出している。いや、正確に言うと、神経はあなたの鼻の内部の鼻水の中で泳いでいる。それでも、鼻の神経が、匂いと一緒に鼻腔内に入ってくるあらゆる汚染物質やホコリにさらされていることに変わりはない。しかし、神経には見ることも匂いを嗅ぐこともできない。何かを見たり匂いを嗅いだりするためには、検知器が、いわゆる受容体が必要だ。

視覚に関しては、人はたったの三種類の受容体だけですべての可視光線を識別している。すべての光は、素早く、あるいはゆっくり振動する波形からできていて、それが異なる色のイメージを作り出している。

ところが嗅覚の場合は事情が大きくちがっている。匂い分子は一つひとつが、ほかの分子とはまるで異なる特殊な化学構造をもっている。人の嗅覚受容体が、たったの三種類どころか四〇〇種類近くあるのはそのせいだ。さもなければ、何百万種類もの異なる匂いを識別して嗅ぎ取ることはできないだろう。そして嗅覚受容体の大部分は、さまざまな匂い分子を検知することができる。嗅覚受容体が活性化する様子はピアノの演奏に似ている。四〇〇個の受容体の鍵盤を使って、何百万種類もの匂いのメロディを奏でることができるのだ。

匂い分子が人の鼻の中の神経によって検知されると、その化学信号は脳の特別な部位に届いて、情報は神経組織の小さな球体、糸《し》球体に集約される。糸球体の一つひとつは、それぞれ特殊なタイプの嗅覚受容体をもつ嗅細胞からの情報を受け取っている。つまり「匂いのメロディ」はここで三次元の匂い地図に変換される。この地図はさらに上位の神経細胞によって解読され、その後脳のほかの部位、たとえば海馬《かいば》や扁桃体などに送られる。そこで神経信号は脳が受容可能な形に変換され、匂いの意味が正しく認識される。脳のこれらの部位の重要性や、匂いの受容の仕組みについては、のちにもう一度触れる。

興味深いことに、研究対象とした生物のほとんどの（植物は除く）嗅覚系の基本的構造はたいへん似通っていた。嗅覚受容体をもつ末梢神経はほぼ例外なく神経細胞の小さな球体へ集束し、最終的に情報は脳の特別な部位へと伝えられる。ハエと人のように、明らかに異なる動物が、まったく同じ構造の嗅覚系をもっている。

つまりすべての動物は、進化の起源は異なっているにもかかわらず、多かれ少なかれ似通った構造の嗅覚をもっている。おそらく収束進化〔系統の異なる複数の生物が、同様の生態的地位についたときに類似の形質を独立的に獲得すること〕が、昆虫から人にいたるまでのあらゆる生物を似通ったものにしてきたのだ。匂いを嗅ぐためには、すべての生物の鼻に何らかの化学物質検知器――空中の（魚の場合は水中の）異なる種類の分子を検知できる神経細胞――が備わっている必要がある。そしてこの匂い分子の検知と識別は、嗅粘膜上の嗅細胞上に発現する嗅覚受容体で行われる。

タンパク質であるこの嗅覚受容体は嗅細胞の細胞膜を七回貫通して細胞膜にくぼみと隆起を形成し、匂い分子は鍵穴にはまる鍵のようにそこに収まる。鍵がぴったり合うと、シグナル伝達カスケードと呼ばれる一連の神経化学的イベントが発現し、最終的に嗅細胞の電気的反応を引き起こす。この電気信号は、嗅細胞の突起部（軸索）を介して、脳にある嗅覚の一次中枢に伝達される。

脳へ進む前に、ここで嗅細胞を取り巻く微小環境を見ていこう。すべての哺《ほ》乳類や鳥類、その他の陸生の脊椎《せきつい》動物の鼻では、嗅細胞は空中にさらされている。わたしたちの身体の中で、鼻は嗅細胞が周囲の環境に直接触れている唯一の部位なのだ。そこで鼻には、むき出しの神経の周囲にそれを保護するための粘液層が備わっている。昆虫やその他の節足動物の場合は、嗅細胞は触角や触鬚《しょくしゅ》（昆虫にとっての鼻）上の短い毛に覆われている。その短い毛の一本一本にもまた粘液が存在する。この粘液は海水と同様の成分でできているが、大量のタンパク質が加わって、より粘度が高く蒸発しにくくなっている。このタンパク質はまた、鼻の中の海水にとらえられた脂肪性の分子を分解する手助けもしている。

触角や鼻の嗅細胞は、軸索を脳の嗅球（脊椎動物の場合）あるいは触角葉（節足動物の場合）に伸ばす。ここで紹介しているすべての動物では、嗅覚をつかさどる脳の一次中枢は、おおむね似通った構造をしている。鼻の中の嗅細胞は軸索を嗅球の糸球体に伸ばす。種類を問わず、嗅細胞はそれぞれ固有の嗅覚受容体を発現させ、嗅球あるいは触角葉にある小さな糸球体へと集束する。つまり、鼻や触角の嗅細胞が活性化すると、糸球体の上に匂いの地図が描かれる。昆虫の場合、糸球体はふつう五〇個から五〇〇個ほど観察されるが、たとえばネズミは二〇〇〇個前後の糸球体をもち、人ではさらに多い。

嗅球や触角葉では、多数の局所的神経細胞が一つの糸球体からほかの糸球体へと情報をやりとりし、異なる種類の匂いの情報がたがいに影響をあたえ合うことによって、情報処理が行われる。最終的に、こうして処理された情報は嗅球や触角葉を離れ、神経細胞を介して、知覚や記憶、意思決定その他の認知過程に関わるより高次の脳の部位に伝えられる。

では、異なる種の間で、あるいは同じ種同士でやりとりされる匂いのメッセージはどうだろう？　これらの情報化学物質については、特別な専門用語がある。読者は、それらの用語を本書の中で繰り返し目にすることになるだろうが、ここで簡単に説明しておきたい。

同種の個体にメッセージを伝えるための匂いはフェロモンと呼ばれる。その典型的な例は、発情期の犬のメスが付近にいるすべてのオスに向けて発する匂いのメッセージで、そのメッセージとは「交配しましょう！」だ。このあとの章でも、さまざまな種類のフェロモンを紹介する。

それ以外の情報化学物質としては、異種間でやりとりされる匂いのメッセージがある。メッセージの送り手と受け手のどちらが利益を得るかによって、いくつかのカテゴリーに分けられる。受け手が利益を得る場合、その情報化学物質はカイロモンと呼ばれる。そのわかりやすい例はたとえばネズミなどの餌動物が放出する匂いで、受け手は捕食動物、たいていはネコである。

匂いが送り手に利する場合はアロモンと呼ばれる。あらゆる種類の誘惑的な匂いがこのカテゴリーに当てはまるが、スカンクが敵を追い払うために放つ悪臭のような防衛反応もこれに含まれる。

最後に、送り手と受け手の双方に利益をもたらす匂いのメッセージもある。これはシノモンと呼ばれている。昆虫を介して受粉する花の香りがその典型的な一例で、花は受粉でき、昆虫はご褒美として花蜜と花粉を受け取る。

嗅覚がどのように作用し、それにどんな匂い分子が関わっているか、またその分子がどのような行動を引き起こすか。人類がこれまで集積してきたそれらすべての知識を生かして、さまざまな形で人を支援する技術が多数生まれてきた。今やEノーズ〔人の嗅覚に近いセンサーシステム〕は、病気の診断やセキュリティ・チェック、環境汚染の監視などの分野で重要な役割を果たしている。また、身体につける誘惑的な香りを開発しつづける巨大産業を避けて通ることは、もはやだれにもできない。豚のブリーダーが人工授精を行う際には、メスを発情させるためにオス豚の人造フェロモン臭を購入する。多くの種類の昆虫が、フェロモンや植物の匂いを使って制御されている。

本書では、魅惑的な匂いの世界を知ってもらうために、世界中のさまざまな身近な例を紹介したいと思う。自分自身の嗅覚器官とその機能や構造を理解することは、自分以外のすべての生物を知るための重要な基礎となる。多くの章で、わたし自身や同僚たちの研究から生まれた興味深い逸話をお話しするつもりだ。さまざまな動物を取り上げることになるが、植物の香りが環境にどのような影響を及ぼしているかについてもお伝えしたい。

まずは、気候変動が匂いの生態環境にどのような影響をあたえうるかについて、一緒に考えることからはじめよう。締めくくりの章では、匂いと匂いが誘発する行動に関する知識を、人類はどのように利用していけるかについても述べたいと思う。

匂いが命を決める　目次

＊〔　〕は訳者による注です。

第1章

人新世の嗅覚

もしもあなたが、今から一〇〇〇年前に道を歩いていたら、あなたが知覚する世界は、いま現在体験しているものとはまったくちがっているはずだ。西暦一〇二二年に周囲を見回せば、車も飛行機も船も見当たらないだろう。今でいうちゃんとした道路さえないかもしれない。間違いなく、その頃の世界は今よりずっと静かなはずで、ひょっとするとほとんど無音だったかもしれない。これらは見たり聞いたりする世界だが、では匂いの世界はどうだろう？

匂いについては、じつにさまざまな観点がある。わたしたち自身や周囲の環境の匂いは、一〇〇〇年前と比べて変わっているのだろうか？　あるいは一〇〇年前とも？　長年のあいだに、わたしたちの周囲の匂いはいったいどのように変化したのか？　そしてこのスメルスケープ、つまり「周囲の匂いや香りが織りなす複合的な風景」の変化に、人はどのように関与してきたのか？　その間に、わたしたち自身の匂いや匂いの感じ方も変わってきたのだろうか？　人による活動は、わたしたち自身がもつ匂いを嗅ぎ取る能力にどのように影響したのか？　人と動物の両方にそうした変化を引き起こした元凶は、人のどのような行動なのか？

何はともあれ、一〇二二年当時、車の排気ガスや地元の浄水場から漂ってくる嫌な匂いを感じることはなかったはずだ。香水や消臭剤、新車特有の匂いなどの、人工的な匂いにさらされることもなかっただろう。自然界の匂いさえちがっていたかもしれない。

人が地球上のあらゆる土地を植民地化しはじめて以来、わたしたちは周囲の環境を変化させ、操作し、利用する方法を見つけてきた。その例を少しばかり挙げてみよう。人類は森を切り開き、作物を植え、植物と動物の両方を絶滅させ、世界を工業化してきた。人間の活動によって世界が劇的に変化したこの地質学上の新時代は、しばしば人新世《じんしんせい》と呼ばれる。

この人新世が正確にどの期間を指すかについては、議論が続いている。今からおよそ一万年から一万五〇〇〇年前に農業革命が起きたときをはじまりとする、という意見もあれば、第二次世界大戦直後の、核実験と一九五〇年以降のグレート・アクセラレーション（大加速化）、そしてそれにともなう劇的な社会経済的変化と気候変動で限定される時機を指す、という意見もある。

どちらの考え方を選ぶにせよ、人類がこの地球全体に、また人や動物の呼吸の一つひとつに、そしてもちろんそのとき鼻に吸い込まれる分子の一つひとつにも、計り知れない影響をあたえてきたことは間違いない。

スメルスケープが変化している

まずは自然界の匂いとそれがどのように変わってきたかについて考えてみよう。今から一〇〇〇年前には、自然はまだ人類の影響をまったく受けていなかった。さまざまな種類の植物や動物が、同じ一つの草原や森で共生していた。花の種類は豊富だった。針葉樹のマツやトウヒが、落葉性のさまざまな樹木と混生していた。ひと言でいうと多様性があった。しかし長い年月のあいだに、人類は森を伐採し、あるいは森を焼いて、花が咲き誇る草地を畑に変えた。それらの変化が、人類の繁栄と広大な分散を後押しした。しかし同時に、そうした変化はわたしたちの身のまわりのスメルスケープを根本的に変えてしまった。

多様性のある混交林の代わりに、単一の種類の木が植林された大規模な森が生まれた。それにともなって匂いは単純化された。たとえば現代のトウヒの森の匂いは昔の混交林の匂いとはまるでちがう。今度森に行くことがあれば、ぜひご自分で嗅ぎ比べてみてほしい。

それと平行して、畑でも同様の単純化が進んでいる。さまざまな種が植えられていた畑が、今では巨大な単作農地となっている。アメリカの大草原は、果てしなく続くトウモロコシ畑と小麦畑となった。ヨーロッパの草地も同様の運命をたどった。わたしたちを取り巻くいわゆる自然の香りに関しては、スメルスケープはすでにすっかり変わってしまっている。

なぜそうなったのか？

CO_2の破壊的な役割

車を運転したり飛行機に乗ったり、工場を稼働させたりする際にはさまざまな物質が排出され、それらは気候と大気中の分子に影響を及ぼす。人新世に関わる変化としてもっともよく喧伝されているのは環境中の二酸化炭素（CO_2）レベルの上昇で、それが温室効果をもたらし、この世界の気温を劇的に変化させ、海水の酸性度を増し、地球全体の気候を不安定にしている。

CO_2自体は、空気中の匂いに直接的な化学的影響をあたえない非反応型の化合物だが、環境中のCO_2が植物が放出する揮発性物質を変えてしまうことはある。これは、植物の内部で生じる生理学的変化によるものだ。二酸化炭素には、植物による水の消費量を抑え、植物細胞の化学組成を変えることによって、植物の光合成活動を活発化させる力があるのだ。また、空気中のCO_2濃度の変化は、昆虫が宿主を探し当てる能力にも影響をあたえうる。蛾は、花が開花する際に噴出されるCO_2を追跡して花蜜の在りかを探し当てる。よって、CO_2濃度が高まった環境で花をうまく探し当てられなくなると、受粉と害虫の蔓延の両方に影響が出る。

CO_2濃度が高い環境では、蚊も血を吸うための宿主《やどぬし》を見つけづらくなる。なぜなら、CO_2は蚊が宿主を見つけるときに使う主要な嗅覚的手がかりの一つだからだ（第9章参照）。人にとってはむしろ好都合かもしれないが、これにはマイナス面もある。

進化的に見ると、空気中のCO_2濃度が上昇した期間に、蚊の種分化が劇的に早まったことがわかっている。この種分化率の高まりは、宿主の居場所を伝えるCO_2信号の質の低下によって引き起こされたと考えられ、それがあらたな種間の識別に役立つより特殊な匂いの生成につながってきた。つまり、人新世における人の活動がもたらした大気中のCO_2の明らかな増加は、人の健康にも、昆虫の種の増加と分布の変化がもたらす受粉の効率の低下にも、大きな影響をあたえているのだ。

このように、陸の世界の前途は多難である。海の世界もまたひどいものだ。CO_2が海水に溶け込んで炭酸を作り、海水は以前より酸化が進んでいる。酸化された海の水が、海洋生物の嗅覚を狂わせているとする研究結果もある。嗅覚を使って海洋生物がやろうとしていることが、捕食者を避けることであれ、食糧を見つけることであれ、あるいはパートナーを見つけることであれ、海水のpH《ペーハー》値の低さは彼らの暮らしをひどく混乱させ、そうした仕事をより困難にすることだろう。海の生態系と食物網がこうした環境の変化にうまく適応できるかどうかは、まだよくわかっていない。

大気中に豊富に含まれる、気温によって変化するガス

CO_2とはちがって、強い酸化力をもつオゾンや窒素酸化物（NO_X）は匂いの成分に直接的な影響をあたえうる。近年、大気中に含まれるこの二つの汚染物質が増加しており、今後さらに増えつづけると予想されている。こうした汚染物質の量が増えていることにより、昆虫が餌や宿主、あるいは産卵場所を探すために利用している匂いは、今後もずっと変化しつづけるだろう。この二つの汚染物質はそれぞれ異なる影響力をもっているが、相乗効果によってさらに別の影響も生じるだろう。

窒素酸化物の気体、NO_Xガスは、種類を問わず燃料を燃やしたときに生じる。この気体はそれ自体健康に有害な影響をあたえるが、酸性雨やスモッグの原因でもある。笑気ガスという名でも知られる亜酸化窒素もまた、地球温暖化を促進している。メタンガスは多数の自然な作用によって生み出されるもので、よく引き合いに出されるのが牛のおならやゲップである。しかし現在では、メタンガスは、あらゆる生物群系のなかで生態学的にもっとも寒冷な気候であるツンドラ地帯の溶けかけた氷からも排出されていて、さらなる気温の上昇に寄与している。大気圏上層部に存在するオゾンは、地球の周囲に天然の保護層を形成して、太陽の放射エネルギーからわたしたちを守っている。しかし地上では、オゾンはスモッグの主成分なのだ。オゾンは、人の活動が生み出す多様な種類の排出物と太陽光が相互に作用し合ったときに生まれる。

これらの異なる多くのガスのほかにも、人は有害な雑草や真菌類、そして昆虫の行動を制御するために、数え切れないほど多くの種類の除草剤や防カビ剤、殺虫剤を使用してきた。そしてこれらの化学物質は嗅覚に影響を及ぼすことがわかっている。さらに決定的なことに、人の活動は、嗅覚に直接的な影響をあたえる可能性がある金属イオンを排出しやすいのである。

大気や海の温度の変化は、人新世の重要な特徴である。そうした変化は、わたしたちのこの世界の匂いの嗅ぎ方に影響するのだろうか？　匂いの成分であるそれぞれの匂い分子の量はその揮発性と関連しているため、生存環境の温度の上昇は、匂い分子に直接的な影響をあたえるが、同時に匂いの送り手と受け手双方の生理学的反応を間接的に狂わせてしまう可能性もある。

昆虫の世界

近年、地球上の昆虫が減少していることを示す研究結果が大いに関心を集めている。たとえばドイツのいくつかの地域では、昆虫の生物量が半分以下になっている。このような生態環境の劇的な変化は、人にも相当深刻な影響を及ぼす。蜂《ハチ》の個体数が減少していることは、果物の木が受粉せず、蜂蜜が作られないことを意味する。マルハナバチを含む何種類かの益虫にもマイナスの影響が出ている。

さらには、昆虫は地球上の多くの鳥の主要な食糧源であることから、鳥もまた食糧不足に陥っている。こうした昆虫の個体数の減少は、ガスや汚染物質が嗅覚や匂いに影響をあたえた結果なのだろうか？　少なくとも部分的にはその可能性があると思われる。さまざまな生物についての研究から、人の活動によって排出されるガスが匂いを変化させていることがわかっている。

一例として、昆虫による受粉行動について考えてみよう。共進化〔系統的には関係のない複数の生物体が、相互に関連し合って同時に進化すること〕は、何百万年にもわたって、花と昆虫の関係がたがいの利益になるように微調整を加えてきた（そう、ほとんどの場合は。第13章参照）。花は、昆虫が遠くからでも見つけられるような外観をもち、最後はその香りで昆虫を誘い込む。すべてがうまくいくと、植物は受粉に成功し、昆虫は花蜜や花粉という報酬を手に入れられる。しかしこれは非常に脆弱なシステムでもある。花と昆虫の間の、匂いを用いた直接的な交流を妨害してみればわかる（この研究については、第7章の蛾についての項を参照してほしい）。

花の香りがなくなれば受粉はいっさい行われなくなり、花蜜が運ばれることもない。それどころかこれは非常に繊細なしくみであるため、香りが完全に失われなくても、匂いがほんの少し変化するだけで機能しなくなる。そして、NO_Xガスによる汚染、なかでもオゾンによる汚染によってそれが実際に起きているのを、わたしたちはいま目の当たりにしている。

オゾンの影響力

オゾンは強い酸化力をもっている。その力でほかの分子内に化学反応を引き起こす。わたしたちは、風洞内に花を設置し、それに向かってタバコスズメガを放つ実験を行なった。まず、風洞内に自然の気流の状態を再現したところ、蛾はいとも簡単に花を見つけ、受粉を行い、報酬の花蜜を手に入れた。次に、風洞内のオゾン濃度を高めて蛾の行動を再度観察した。すると蛾は明らかに方向を見失い、花にたどり着くことができなかった。そこで花が放出する匂い分子を分析したところ、いくつかの分子が、まるで異なる匂いを放つ何かに変化していることがわかった。

世界のいくつかの地域では、気温の高い日にすでに現実に存在する高濃度のオゾンにさらされたことによる嗅覚への妨害的影響が、昆虫の受粉行動にはっきりと表れている。わたしたちは、昆虫がもつ可塑性によってこのオゾンの影響が緩和されうるかどうかを調べるため、さらに研究を行い、実際にそうであることがわかった。

蛾に、強力な視覚的指標とともに「あらたな」花の香りを嗅がせてみたところ、たった一度のあらたな香りとそれにともなう花蜜の報酬体験だけで、蛾はオゾン化された香りの方向に飛ぶことを学習し、その後の採餌行動に活かせるようになった。映画『ジュラシック・パーク』でイアン・マルコム博士が言ったように「生命はかならず道を見つける」のだ。

とはいえ多くの事例から、高濃度のオゾンがミツバチやマルハナバチ、蛾などの受粉行動に有害な影響をあたえることが実証されている。ディーゼル廃棄物など、ほかのガスについても同様である。だからもちろん、それらのガスの排出量を抑え、できることならしっかりと減少させるためにわたしたちは最大限の努力をするべきなのだ。

また、わたしの同僚ジェラルディン・ライトは、受粉を媒介するハチに「最新の」農薬がどのような影響を及ぼすかという研究を行なった。現在世界でもっとも多用されている殺虫剤であるネオニコチノイドは、かつて使用されていたカーバメート剤や有機リン化合物に比べると、鳥や哺乳類への害が少ない。低濃度であれば、益虫のハチに対する害も少ないと考えられている。しかし、ジェラルディンが非常に低濃度のネオニコチノイドにさらされたミツバチの嗅覚学習を調べたところ、その能力がひどく損なわれていることがわかった。これもまた、嗅覚によるコミュニケーションとその基本的能力が、人の介入によって妨害された例である。

気温の変化の役割

気温は昆虫の生活にも影響をあたえる。気温が上昇すると、あらゆる匂い分子の蒸発のスピードが早まり、すべてのものが以前より少し強い匂いを放つようになるかもしれない。昆虫には体温調節機能がなく、その生息環境の気温で生きていけるように適合していることが多い。そして嗅覚も例外ではない。砂漠に棲むある甲虫は、摂氏四〇度のときにもっともうまく嗅覚が機能するだろう。一方で、フユシャク〔シャクガ科の蛾〕の触角内にある嗅細胞に関するわたしの記録から、フユシャクにとっては摂氏一〇度前後が最適温度であることがわかっている。気温が二〇度に達すれば、フユシャクの嗅覚は機能しなくなる。つまり、気候変動による先例のない気温上昇は、この先昆虫の嗅覚に直接的な影響をあたえ、おそらくその他の多くの「変温動物」にも同様の影響をあたえると思われる。

気温の上昇はまた、昆虫が地球上のあらたな地域に侵入することを許すことにつながる。昆虫の分布と嗅覚に直接的な関わりはないが、匂いに誘われる悪名高い昆虫の何種かが、今にわかに勢いを増しているのは間違いない。たとえば第9章で取り上げるマラリア蚊は、世界に病気を蔓延させる多くの種の一つだ。今このときも、マラリア蚊はヨーロッパや北米を含む、あらたな地域への侵入を続けている。より最近では、蚊が媒介するジカウィルスが、南米から中米にいたるアメリカ南部に広がってきたが、これはネッタイシマカの生息域が拡大したせいである。その他の感染症、たとえば西ナイル熱やチクングンヤ熱もまた、それらを媒介する蚊があらたな地域に侵入したことによって広がりつづけている。

第10章では、匂いを利用するキクイムシの生活についてお話しする。ほんの一〇年前は、キクイムシが遺すのは次の世代の子孫だけで、つまり一匹のメスが産める子の数は年間六〇匹だった。しかし今では、ヨーロッパ中部には最高三世代のキクイムシが存在している。つまり一匹のメスが大量のトウヒの木を倒壊させたあと、冬眠に入る姿を見られる子孫の数は三〇〇〇匹に及ぶ。

将来の昆虫調査

この世界でいま何が起きているのかを知るために、さらなる調査が必要なのは明らかだ。人新世が匂いに頼る昆虫の生活にどのような影響をあたえているかを理解するために、わたしはマックスプランク次世代昆虫化学生態学センター（GICE）を立ち上げ、とくにこの分野に注目することにした。異なる三つの団体に属す幅広い学問分野の専門家たちをつなぎ合わせ、チーム化することも、この活動の一つの狙いだった。三つの団体とは、わたしが所属するドイツのマックスプランク・化学生態学研究所、スウェーデン農業科学大学、そして同じスウェーデンのルンド大学生物学部のフェロモングループである。

わたしたちの共通の目標は、気候変動や温室効果ガス、大気汚染が、昆虫間の化学的コミュニケーションにどのように作用し、また有害な影響をあたえるかを解明することだ。環境のこうした変化に昆虫がどのように適応しているかについても知りたいと考えている。そしてこの研究の狙いは、気候危機や世界の栄養問題といった地球規模の問題の解決と、さまざまな病気の撲滅に寄与することである。

プラスチックの匂い

一九〇七年のこと、ニューヨークでベルギー人科学者のレオ・ベークランドが、合成成分から造られた最初のプラスチック、ベークライトを発明した。それ以降、プラスチックの生産量は増加の一途をたどった。今では、世界全体の年間生産量は三億六〇〇〇万トンと推定される。それがなぜ、嗅覚にとって問題なのか？

第４章で詳しく説明するが、鳥は嗅覚をさまざまな目的のために利用している。外洋鳥の場合、彼らの嗅覚の重要な特徴はジメチルサルファイド（ＤＭＳ）の匂いを嗅ぎ取れることだ。これは、植物プランクトンが動物プランクトンに食べられるときにしばしば放出される、押しつぶされた植物プランクトンから出る合成物だ。つまり鳥たちにとって、この硫黄ガスの存在は、付近に大量の食べ物があることを示す証拠なのだ。

しかし不幸にも、プラスチックの時代である現代においては、DMSの匂いを頼りに食糧を探すこの行為が問題を生んでいる。プラスチックは、海に漂ってから数カ月もするとDMSを放出するようになる。そして自然界の生物たちに、これは食べられる物質だと誤解させてしまう。国連環境計画は、人類は年間およそ八〇〇万トンのプラスチックを海に流しており——その結果、非常に大きいものや微小なものを含めておそらく五兆トンを超えるプラスチックが海に漂流しており（そしてさらに増えつづけている……）、それは海の生物に被害を及ぼすのに十分な量である、と述べている。誤ってプラスチックを食べた鳥は、消化器官を傷つけられ、やがて死んでしまう。毎年およそ一〇〇万羽の海鳥が死んでいるのはそのせいだ。彼らの胃袋はわたしたち人間が廃棄したプラスチックのクズで一杯なのだ。

大海原で、DMSの匂いを手がかりに食糧を探し当てる能力を発達させてきたのは鳥だけではない。アザラシやクジラも同じ方法で食糧を見つけており（第5章参照）、同様のプラスチックによる被害にさらされている可能性が高い。赤ちゃんガメについてのある調査では、この小さな生物のお腹の中にプラスチックがある割合は一〇〇パーセントだった。人類が莫大な量の使い捨てプラスチックを製造してきたことが、環境への重大な影響を生み出したのである。

太平洋ゴミベルト（地球上の海で確認されている五つの「ゴミベルト」の一つ）では、潮の流れや風によって集められた廃棄ゴミ（プラスチックや捨てられた漁具も含む）が、テキサス州のおよそ二倍——ヨーロッパを基準にしたければフランスの三倍の広さの海域に漂っている。その海域の表面の大部分を覆っているのはマイクロプラスチック〔環境中に存在する微小なプラスチック粒子〕だ。いくつかの研究が、これらのマイクロプラスチックの数はすでに動物プランクトンの数を上回っていることと——そして、すでに間違いなく、世界でもっとも深いマリアナ海溝にまで達していることを示唆している。こうした事態が、ＤＭＳの匂いに誘われる特性をもつ海鳥やその他の海の生物にどんな影響をあたえるかは、想像に難くないだろう。

海の匂いの変化

もちろん、鳥や動物に影響をあたえる空気中のＤＭＳの匂いのほかにも、人が生み出した化学汚染物質は、水路や海、湖、川を介して広がっている。魚や甲殻類をはじめとする水中の生物は、人間が作り出した分子のスープの中で暮らしていて、分子のいくつかは水中の生物自身にも、彼らが棲む生態系にも甚大な被害をもたらすものなのだ。

人の嗅覚系同様、魚の嗅細胞も直接外部に、つまり周囲の水にさらされていて、水にはあらゆるものが溶け込んでいる。銅を例に挙げよう。いくつかの研究から、水中の銅の濃度が高まると、魚の嗅細胞の機能に直接的な害が及ぶことがわかっており、浜ガニやザリガニについても同様のことがわかっている。高濃度の銅に長期的に曝露しつづけると、交配や食糧探しの際に通常行われる、匂いを手がかりとする行動が妨げられる。

作物を害虫から守るために、わたしたちはさまざまな種類の殺虫剤を作物に噴霧するが、それらは遅かれ早かれ水の流れに吸収される。庭つきの家に住んでいる人の多くは、雑草除けのためにグリホサートを主成分とする除草剤を使用するだろう。この化合物を自然界と同じ濃度にして実験してみたところ、魚の食糧探しを妨げ、ギンザケの嗅覚機能にも直接的な悪影響をあたえることがわかった。ほかにも多くの化学物質が、魚の行動に直接的な影響をあたえている。サケ科のさまざまな種類の魚は商業的価値が非常に高いため、その多くの種について殺虫剤の影響が念入りに調査されてきた。彼らの性行動と帰巣行動（第5章参照）はどちらも、農業や林業で使用されている多数の工業化学物質の影響を受けていることがわかっている。興味深いことに、魚の行動は、養殖産業においてサケをサケジラミから守る目的で使われているシペルメトリンの影響も受けていた。

別のわかりやすい例としては、工業施設や下水処理施設でよく使われている界面活性剤、4-ノニフェノール（4-NP）がある。今やこの化学物質は、地球上のほぼすべての水域に存在する。研究グループが自然界と同濃度の4-NP水溶液に社会性魚類を曝露させたところ、劇的な影響が見られた。魚は群泳をうながすフェロモンに反応しなくなり、まったく逆の行動を取るようになった。

4-NPによる汚染は、捕食者の回避と採餌の両方に重要な意味をもつ行動に直接的な影響をあたえた。

人が作り出した数多くの化学物質と、それらが自然界の化学的多様性にさまざまな形であたえる影響に目を向けると、魚やその他の水中の生物が甚大な被害を受けていることは明らかだ。そしてその被害の一つが、嗅覚に頼る彼らの生活への、化学物質の直接的、間接的な攻撃なのだ。汚染物質は嗅覚を損なわせるのみならず、ときには、たとえばホルモン分泌経路を介して、匂いに誘発される「行動」にも間接的な影響をあたえる。

人の匂い

ここで、西暦一〇二二年に戻ってわたしたち自身の匂いについて考えてみよう。第2章で説明するように、世界最大の産業の一つは、人々が「自分は生まれつき嫌な匂いがする」と信じていることによって利益を得ている。香水や調香師は、今から何千年も前からインドやエジプト、メソポタミアに存在していたが、それらの使用が実際に広まるきっかけを作ったのは、一七〇〇年代のフランスのルイ一五世とポンパドゥール夫人である。彼らが香水の流行を作り、みながそれをこぞって真似するようになったのだ。しかしそれよりずっと以前の一〇二二年には、あなたが出会う人々は、程度の差はあれ自然な匂いを漂わせていただろう。

人の匂いに大きな影響をあたえたもう一つの習慣は、頻繁に入浴したりシャワーを浴びたりするようになったことだ。こんなふうに身体を洗い清める習慣もまた、都市で水が安全だと考えられるようになった一七〇〇年代にはじまった。水浴びの習慣と石鹸の使用が人の身体の微生物叢を変化させ、それによって人の匂いも変わった。

人新世の人の匂いが、ほかの時代と比べて薄れ、様変わりしたのはそのせいだ。頻繁に身体を洗うことによって、人は体臭を減らし、そしてまったく別の強い匂い物質を身にまとうことにより、自分が放つ匂いを劇的に変化させた。こうした新しい調剤品にはしばしば消臭剤も含まれており、それが人の肌に生息する微生物を殺して、匂いの形態の変化をさらに増大させている。

この変化によって、おそらく人は、おたがいについての情報をより入手しづらくなった。本書で紹介する多くの種の例からもわかるように、人が放つ匂いには非常に多くの情報が隠されているからだ。本来強い匂いを発している自分を隠そうとすることによって、その情報のかなりの部分が失われる可能性があるのだ。

人の嗅覚と人新世

わたしたちは自分の匂いを隠すことに腐心しているうちに、匂いを嗅ぐ能力を少しずつ失っているのかもしれない。もしかすると、現代社会こそがわたしたちの嗅覚障害の原因の一つなのかもしれない。劣悪な大気質が呼吸器や心臓を弱らせることはよく知られているが、大気汚染を原因とする嗅覚の損傷については、今ようやく注目されはじめたばかりである。

大気汚染とメンタルヘルスの問題や神経疾患──パーキンソン病やアルツハイマー病を含む──のリスクの間には何らかの関わりがあるかもしれない。劣悪な大気質は、これらの神経疾患の決定的な原因ではないが、いくつかの研究が、大気汚染の進んだ地域で生活したり仕事をしたりしている人々は、そうした神経疾患に罹患するリスクが高いことをはっきりと示唆しており、煤塵《ばいじん》による汚染の場合はとくにそうだ。

では、それらの疾患と嗅覚との関係はどうか？　パーキンソン病とアルツハイマー病については、無嗅覚症（急性の嗅覚喪失）が、その人がどちらかの病に罹《かか》っていることを示す──あるいは将来その病に罹患するだろうことを示す手がかりであることがよくある。無嗅覚症はまた、うつ病や双極性障害の患者にもよく見られる（第2章参照）。

この分野についてはさらなる研究が必要ではあるが、人の嗅神経と脳脊髄液《せきずい》──脳や脊髄を取り巻いて守っている液体で、脳細胞が排出する老廃物を運び去る役割も担っている──の流れに関連がある可能性が高い。脳脊髄液が、リンパ系を介してだけでなく、鼻腔を通って身体から排出されていることを示す科学的証拠があるのだ。人の嗅神経または神経回路が何らかの形で、たとえばまさに大気汚染によって損なわれた場合、連鎖的に神経疾患が引き起こされるかもしれない。しかし、この問題についてはまだ科学的な確証は得られておらず、さらなる研究が進められている。

病気と匂い

人類は何千年も昔から、ペットや家畜と共生してきた。最初に一緒に暮らすようになったのはおそらく犬で、その後豚や牛、その他の動物との共生が進んだ。西暦一〇二二年には、多くの家庭で人と動物が一つ屋根の下で暮らすようになった。つまり人が動物から細菌などの微生物をもらう機会が増え、それが多くの病気のはじまりとなったのだ。

人の数が増えて人口が過密状態になるにつれ、それらの病気を広めるのに最適な環境が出来上がり、そのうちのいくつかの病気がわたしたちの嗅覚に直接的な影響をあたえた。その直近の例がCovid-19〔新型コロナウイルス〕の大流行である。このウィルスは中国のアニマル・マーケットから広がったと考えられていて、アニマル・マーケットでは、狭い空間に集まった多くの人々の間で、野生動物が生きたまま売り買いされている。そのため、このウィルスには、あたりにたむろする数え切れないほど多くの人々に飛び移るチャンスがいくらでもあったにちがいない。そうして、やがてウィルスは世界中に広まっていった。

Covid-19感染症に罹患した患者の多くに見られる症状の一つが、味覚と嗅覚の消失だ。ただし、味覚が本当に失われたのかどうかについては再考の余地がある。多くの人が味だと考えているものは、じつは鼻腔後部で感じる匂いだからだ。いずれにせよ、Covid-19感染症患者の嗅覚の消失についての研究は、周辺レベルの「鼻」と中央レベルの「脳」の両方で実施されている。今のところ、いくつかの研究から、患者の鼻の中の嗅細胞を取り巻く特定の支持細胞に問題が生じている可能性があるとわかっている。Covid-19感染症患者の嗅球にあたえるこのウィルスの影響についても、より詳細な研究が行われている。

おそらく近い将来、Covid-19ウィルスが患者の嗅覚を消失させるしくみが明らかになるだろう。原因は何であれ、人間が動物と共生するようになったことが、有害な微生物の異種間における伝搬を引き起こしたのは間違いない。これは、わたしたち人間が動物と関わる際に十分考慮すべき事実であり、野生動物と関わるときはとくにそうだが、現代の家畜の飼育に際しても同様に配慮が必要である。動物たちを狭い空間に詰め込めば詰め込むほど、病気は伝染しやすくなる。工業型農業において、動物を密集させるために頻繁に抗生物質が使われている現実があるが、それもまた、まったく別の、人間の存続に関わる重大な問題である。しかしそれについては別の本で論じることにする。

第2章
人の嗅覚・人の匂い

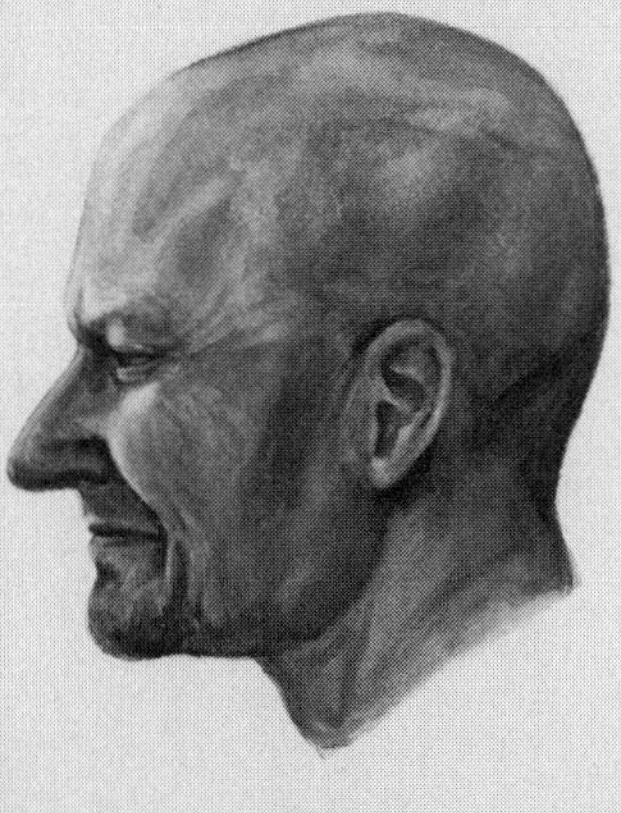

人と匂いの関わりにはさまざまな側面がある。わたしたちは匂いを嗅ぎ、匂いを放出する。匂いはときに人をうっとりさせ、あるいは不快にさせ、嫌悪感または欲望を呼び覚まし、危険や病気を警告することさえある。匂いの感覚、つまり嗅覚は、わたしたち人間が自分を取り巻く化学的な世界を感知し、理解する手助けをしており、いろいろな意味で人が人として安全で健康に、そして幸福に生きるために欠かせないものだ。それにもかかわらず、わたしたちはこの第五の感覚を軽んじ、原始時代の遺物のようにみなしがちだ。

人とほかの生物とのちがいは何かと考えたとき、嗅覚が思い浮かぶことはない。その名誉は視覚や聴覚に授けられ、僅差で触覚と味覚が続く。一部の人の間では、いわゆる第六感——存在するとされる直感や直覚力——のほうが、嗅覚より高く評価されているかもしれない。

嗅覚は、わたしたち文明人にとってはあまりにも原始的すぎる感覚なのだろうか？　動物とのちがいを考えるとき、あいまいなものより明確なちがいのほうに目が向かうということなのか？　多くの人にとって、嗅覚を重要な感覚だと認めることは自分も動物と変わらないと言うようなもので、それが不快なのかもしれない。

しかし、自分の匂いを消し——別の香りをまとうために——わたしたちが年間にかける金額の大きさから考えても、適切な匂いを放ち、その匂いを嗅ぐことが、多くの人々にとっていかに重要な意味をもっているかがわかる。重要だからこそ、香料産業は年商数十億ユーロ規模の産業に発展したのだ。おそらくあなたは、自分で購入する香水やスキンローションの香りにはいつも気づいているだろうが、その背後でずっと稼働し、ほぼすべての消費財やあなたを取り巻く環境に、かすかな匂いをつけている巨大産業にはほとんど気づいていない。

あなたが買い物をするショッピング・モールにはたいてい匂いがつけられていて、その多くはブランド・イメージに合わせた香りだ。あなたがそこで買う衣類にも、ほぼ間違いなく匂いがつけられている。これもまた、たいていはブランド・イメージに合う香りだ。たとえ何も買わずにコーヒーショップに立ち寄っただけだとしても、あなたを店内に誘い入れたコーヒーの香りは、じつはあなたが思ったような挽きたて、淹《い》れたてのコーヒーのものではなく、カウンター下の機器から放出されているブランド・イメージを高めるための香りなのだ。

この巨大産業と、その表看板でインターナショナル・フレーバー・アンド・フレグランス（IFF）という名で知られる、細い瓶入りの商品だけでなく、タンクローリーでも香りを売っている複合企業が台頭したのは、人々に喜びをあたえ、恥ずかしい思いをさせないためだけではない。人の匂いには、単に飾り立てること以上の意味が間違いなくあるのだ。

実際、もしも嗅覚が人の生存に重要な役割を担っていないのなら、なぜ鼻や鼻孔が顔の真ん中に陣取っている必要があるのか？　そう、嗅覚はいくつかの状況で重要な役割を果たしているのだ。嗅覚は常に分析しつづける知覚だ。食べられそうな物の品質を吟味し、周囲に危険が潜んでいないか調べる一方で、イチゴを食べたときやお気に入りのマルベック・ワインを飲んだとき、恋人の腋《わき》の下に身を寄せたときの喜びに繊細な色合いを添える。

嗅覚に分析的側面があることは、味覚と比べるとよくわかる。味覚は五種類の食味（しょっぱみ、酸っぱみ、苦み、甘み、旨み）からできていて、基本的に、有害な物質を反射作用としてできるだけ早く口から吐き出すために存在する。一方の嗅覚は四〇〇種あまりの受容体によって化学的な情報を詳細に分析し、適切な食べ物や飲み物、その他の価値あるものに近づいていいと判断したり、逆によくないものに近づくのを思いとどまらせたりする。

匂いは、栄養摂取や安全、生活の質の向上のために欠かせない情報をわたしたち人間に提供する。だから匂いを感知する能力を失うことは一大事なのだ。匂いが感じられないと、メンタルヘルスの問題が生じることがある——匂いがわからなければ食事や飲酒を、あるいは生活全般を楽しめなくなるからだ。嗅覚を失った人々はしばしば、自分の衛生についてひっきりなしに心配するようになったり、恋人の官能的な匂いを感じられなくなったりする。

嗅覚を失えば、大きな不利益を被ることになるのだ。

恐ろしい喪失

ほとんどの人があるのが当然だと思っていたこの嗅覚に改めて注目が集まったのは、二〇二〇年五月一八日に、イギリスで国の医療責任者四人が共同声明を発表したときのことだった。「今日以降、咳や熱の症状、あるいは嗅覚消失の症状が続いている人はすべて自主隔離するものとする」とそこには書かれていた。ありがたいことに、「嗅覚消失」という言葉を聞いたことがない一般の人々のために、彼らは注釈をつけることも忘れなかった。「嗅覚消失とは、いつもの嗅覚が失われたり、変化したりすることである」と（ここで、医師らの説明は正確ではなかったと言っておくべきだろう。嗅覚が失われることを「嗅覚消失」と呼ぶことは間違いないが、嗅覚の変化は「嗅覚錯誤」と呼ばれる）。

突然の嗅覚消失が、重症急性呼吸器症候群コロナウイルス２（SARS-Cov-2）を原因とする二〇一九年のCovid-19感染症への感染を警告する初期症状であるという証拠が集積されたことで、長く待ち望まれていた発表がようやく行われたのだ。この感染症の嗅覚的症状をバイオマーカー（生体指標）として利用できる可能性が出てきた。そして、この感染症を克服するのに役立ちそうなことは、何であれ歓迎された。

当初は、嗅覚消失がCovid-19への感染を示す特徴的症状であるとするには裏づけが乏しいと考えられていた。しかし感染が広がり、感染者数が増えると、嗅覚消失の訴えも増加し、医療関係者の間でもよく聞かれるようになった。それを受けて、世界中の化学的感覚を専門とする研究者がこの特殊な嗅覚消失について研究し、わかったことを人々と共有するようになり、それはしばしば、通常よりもオープンソースなやり方で行われ、データや研究結果がリアルタイムで公表された。もちろんこの方法には良い面もあったが、思いがけない危険も孕《はら》んでいた。

この感染症を解明し、あらたな知見を人々に伝えたいという熱狂的な思いから、研究者らはいわゆる前刷り、つまり査読を経ていない論文を公開するようになったが、それらは通常の精査を受けていないものだった。先例のないパンデミックという状況下では、それは研究者にとってはよいことだった。しかし一般の人々にとっては、かならずしもよいことではなかった。ジャーナリストは公表された情報に飛びつき、ネットユーザーの関心を惹く扇情的な見出しをつけて記事にし、科学を真に理解していないことが明らかにわかる結論を書き立てることが多かった。

前刷りの中には、答えに届きそうなものも確かにあったが、この感染症についての疑問の多くは謎のままだった。どうやら言えそうなのは――少なくとも、本書の出版を準備中の現時点で――嗅覚消失や嗅覚錯誤は、Covid-19感染症患者によく見られる初期症状である可能性があり、ときには唯一の症状である場合もある、ということだ。今のところ、ほとんどの研究者が、この感染症ではコロナウイルスのスパイクタンパク質が、アンギオテンシン転換酵素2（ACE2）受容体と膜貫通型セリンプロテアーゼをコードする遺伝子（TMPRSS2）を使って細胞に結合し、侵入することによって感染が生じる、という認識で一致しているようだ。

ACE2とTMPRSS2はどちらも、鼻や喉、気管支上部に多く、とくに気道上皮と、鼻内部にある嗅上皮の支持細胞に多数存在する。嗅細胞そのものはACE2をほとんどもたないが、支持細胞である嗅上皮細胞がコロナウイルスの侵入を許してしまう。

この感染症の初期に、患者が鼻詰まりや息苦しさなどの症状を自覚する前に嗅覚に異常が現れることも、これで説明がつく。また、なぜ高齢者のほうがこの感染症に罹りやすいのかということについても――高齢者は若い世代に比べてより多くのACE2受容体をもっているのだ。

コロナウイルスは、さまざまな経路を通って中枢神経系に侵入するが、鼻や嗅球もその経路の一つであることが科学的に証明されている。先に述べたように、このウイルスが知覚神経細胞を直接標的として侵入することはなさそうで、つまり嗅覚消失はほとんどの場合中枢神経系へのダメージによるものではなく、嗅覚はやがて戻ってくる。しかし患者のなかには、病状が回復してから何カ月過ぎても嗅覚が戻らない人たちがいる。なかには嗅覚が一〇から二〇パーセント失われてしまった患者に関する症例研究もあって、つまり患者の嗅細胞が永久的損傷を負ってしまったか、じつは中枢神経系に問題が生じているかのどちらかであることを示唆している。それを裏づけるものとして、ブレインスキャンによって患者の脳にこの感染症の兆候を見つけたいくつかの症例もある。ひょっとすると、この種の感染症に罹患すると嗅細胞が再生するのにより長い時間がかかる、というだけのことかもしれない。やはり嗅覚は、とても謎の多い知覚なのだ。

Covid-19感染症患者に見られる嗅覚消失は、この病気が引き起こしうるほかの症状と比べると一見ささいな神経症状に思えるかもしれないが、この嗅覚症状についてさらに調査することによって、この病気の進行の仕方や、それがどのような影響をあたえ、どのような症状を引き起こしうるのかについての理解が深まるかもしれない。そして理解が進めば、Covid-19感染症だけでなく、嗅覚消失についてもよりよい治療法が見つかるだろう。つい最近、イスラエルで興味深い事例が公表された。あるウィルスに感染後、一二年間完全に嗅覚消失状態にあった女性が、Covid-19に感染後、嗅覚を取り戻したというのだ。この事例については記録が不十分だったため、さらなる研究を進めることはできなかったが、Covid-19感染症と嗅覚の不可思議な関連を示すあらたな証拠とはなった。

嗅覚消失は、Covid-19感染症が引き起こしうる単なる一症状ではないし、たいしたことのない症状でもない。嗅覚消失は、さまざまな種類のウイルス感染や風邪、呼吸器疾患にともなって、あるいはその後によく見られる。頭部外傷によって引き起こされることもあるし、アレルギーや放射線治療、ときにはコカインへの薬物依存によっても生じる。匂いがわからないという症状は、何らかの問題の兆候であることが多い。副鼻腔炎は鼻の神経組織に炎症を起こして感覚細胞を損傷する。一方頭部外傷は、脳とつながる嗅覚神経線維にダメージをあたえる可能性がある。

アルツハイマー病とパーキンソン病は、どちらも嗅覚を低下させるため、初期の診断に嗅覚検査が利用されている（第14章参照）。そんなふうに、嗅覚消失の引き金となったものを正確に指摘できることもあるが、嗅覚器官や脳で実際に何が起きているかについては推測するしかない。理由は簡単だ。わたしたちの鼻は、科学の世界ではまだまだ大きな謎に包まれているからだ。鼻は複雑で繊細な器官なのである。

匂いの遺伝子

呼吸のたびに、人は空気中に漂う匂い分子の気体を鼻で吸い込み匂いを嗅いでいる。そして、人の遺伝子の一パーセントから三パーセントが、匂いを嗅いでそれを識別し、反応を引き起こすために働いている。この知見が得られたのは、二人のノーベル賞受賞者、リチャード・アクセルとリンダ・バックのおかげである。彼らは、匂いが鼻腔内でどのように検知され脳で電気信号に変換されるかを解明する先駆的な共同研究で、二〇〇四年にノーベル生理学医学賞を受賞した。マウスとラットを使って行われた研究ではあったが、人の嗅覚受容体についての最初の洞察の基礎となった。

現在わかっているのは、鼻から吸い込まれた匂い分子は鼻腔の奥の天井部分にある嗅上皮と、その嗅上皮にある何百万個もの（およそ六〇〇万個から一二〇〇万個だと推測される）嗅細胞を通過していくということだ。嗅細胞の一つひとつには小さな繊毛《せんもう》があって、それが鼻腔内に侵入してきた匂い分子をキャッチする。嗅上皮上のこの嗅細胞は、全部でおよそ三五〇から四〇〇種類ある嗅覚受容体（ＯＲ）のうちの一種類のＯＲをそれぞれ発現していて、限られた数の匂い分子だけを検知することができる。

匂い分子がこれらの受容体のタンパク質と結合すると、嗅細胞が興奮して電気信号、つまり神経インパルスが脳の嗅球に伝達され、信号は視床（聴覚的、視覚的な信号を処理する場所）を経由せず直接辺縁系に届けられる。その結果、匂いの感覚と人の感情に深い結びつきが生まれる。人の嗅覚は、感情や気分、行動や記憶をつかさどる脳の部位である辺縁系に存在するのである。匂いを嗅いだときにすぐには何の匂いかわからず、あとになってわかることがあるのも、この即時的な情報処理方法と関係しているのかもしれない。

しかし、匂いのメッセージにはどんな目的があるのだろう？　匂いは人のどんな反応を引き起こすのか？

人のフェロモンは本当に存在するのか？

人の匂いと嗅覚に関する一風変わった研究として、とくにフェロモンについての研究が物議を醸している。フェロモンとはある個体が放出し、同種の別の個体に働きかけて何らかの行動や作用を誘発する化学物質である。

「フェロモン」は、同種の個体間の情報伝達に用いられる化学物質の名称として一九五九年に考え出された造語だ。ドイツ人生化学者のピーター・カールソン（一九一八―二〇〇一年）とスイスの昆虫学者マルティン・ルシャー（一九一七―一九七九年）がドイツ語のpherein（持ち運ぶ）とhormone（興奮する）から造った。しかしこうした情報のやりとりが行われている可能性に気づいたのは、彼らがはじめてではなかった——古代ギリシャの人々も、発情期の犬のメスがオスを引き寄せる際にそうした分泌物が放出されているのではないかと考えていた。

この後の章で説明するように、フェロモンは相手を性的に魅了する働きもするが、多くの種にとって生存に欠かせない別の反応も誘発する。たとえば攻撃性や母性本能、警告やなわばり行動などがそうである。

では人の場合も、ほんのひと嗅ぎで、生存のための反応を引き起こす匂いが存在するのか？　人にもフェロモンは本当にあるのだろうか？　それともフェロモンなどまやかしなのか、あるいはまったくのデタラメなのか？　人のフェロモンに関しては多くの科学者が強く否定しているが、ともかく、今わかっていることを見ていこう。

失われた器官？

人以外の哺乳類では、フェロモンは主に鋤鼻器《じょびき》（ＶＮＯ）、つまり主嗅覚とは別に鼻中隔《びちゅうかく》に存在する特殊な嗅覚器官で検知される。犬も豚も、馬もネズミも、みな高性能の鋤鼻器をもっている。では人はどうか？　そもそも人にこの器官があるのかどうかが議論の的になっている。その器官が存在すれば、人にもフェロモンがあるとする論拠となる。それが存在しないということになれば、フェロモンを否定する重要な理由となる。しかし……かならずしもそうではない。

ほとんどの人は、たしかに鋤鼻器をもっていないように見えるが、研究者のなかには、たとえ鋤鼻器がなくても人の嗅覚系はフェロモンを検知してそれに反応すると主張する人々がいる。一方フェロモンに懐疑的な人々は、鋤鼻器があったとして、人と人の間で化学的な情報のやりとりが行われているとしても、人はほかの動物ほどは生存のためにフェロモンを利用していないと言う。さて、どちらが正しいのか？

興味深いことに、いくつかの研究から、人の胎児には発達初期のＶＮＯが認められるが、その後発達が止まり、誕生前にはその形跡はほとんど失われることがわかっている。同様に、九週目以降の人の胎児には鰓《えら》と尾が認められる。「個体発生は系統発生を繰り返す」のである。内視鏡検査から、成人のなかには、鋤鼻器のなごり――嗅細胞や神経線維のない、いわば製造中止された鋤鼻器のくぼみ――をもつ人もいることがわかっている。

どうやら人は、せいぜいのところが鋤鼻器の痕跡しかもっていないようだが、それでもいくつかの実験から、人が異種間の化学的な感覚刺激に反応すること、しかしその刺激は主嗅覚系で処理されることがわかっている。

この問題については、相反する情報や証拠が混在し、また商業上の利益も関わっているため、確定的な答えを出すには、より多くの独立的な研究が行われる必要がある。とはいえ、わたしたちの鼻の解剖学的構造がどうであれ、多くの研究が、ある種の匂いが人の行動的反応を引き起こすことを示唆している。その匂いはフェロモンなのか？

男女で異なる行動を引き起こす刺激

多くの研究者が、人の行動を誘発するフェロモン刺激——とくに男女で異なる影響をあたえ、そしておそらくより興味深いことに、男女それぞれに特有の生殖に関わる生理的反応を誘発するフェロモン刺激を特定しようとして研究に励んできた。

この種の研究では、被検者がエストロゲン様物質（女性の尿に排出されるエストロゲンに似た物質）の匂い、あるいは化合物アンドロステノン（豚の主要な交配フェロモンであり、人の汗に分泌されるテストステロンの派生物でもある。男性の腋汗に含まれることでよく知られる）やそれに非常に近いアンドロスタジエノンの匂いを嗅いでいるときの大脳の血流の様子が、決まって観察される。研究者のなかには、これらの化合物への反応の仕方が、男女で異なっており——その反応には、ホルモンの分泌（つまりは性的繁殖）とホメオスタシス（人の身体の恒常性を保つために必要なしくみ）をつかさどる脳の小さな部位、視床下部が関わっているとする者もいる。

いくつかの研究から、男性では視床下部がエストロゲン様物質に反応し、女性の場合はアンドロステノンの匂いを嗅いだときにより活性化することがわかっている。別のさらに異論の多い研究は、人のフェロモンだと推定される同一の物質が、レズビアンの女性と異性愛者の女性では異なる性的興奮を誘発し、同性愛者の男性と異性愛者の男性についても同様のことが認められる、とさえ示唆している。さらにはブレインスキャンの結果から、エストロゲン様物質が、レズビアン女性と異性愛者の男性の視床下部において、同一の脳活動を誘発したことがわかっている。同性愛者の男性の視床下部でも、アンドロステノンに対して、異性愛者の女性の場合と同じ反応が認められた。あるいはこれは、視床下部は人の性的指向に応じた反応をすることを示す証拠なのだろうか?

しかしこれらの研究の被験者数は非常に少なく、そのうえ、現実の暮らしで接するよりずっと高濃度の匂いを使っていることを考えると、この研究結果は色あせて見え、問題の多い、そしてまったく説得力と確証に欠けるものとなる。

とはいえ、確証のない研究結果だからといって、匂いが人にとって重要ではないと、あるいは人のフェロモンなど存在しないと決めつけることはできない。イギリスの進化生物学者、トリストラム・ワイアットが指摘しているように、この種の研究に対しては懐疑的であるべきだが、同時に、フェロモンは存在するという異なる考えを受け入れる柔軟性ももつべきだ。思春期や成人期にさしかかったときに、人の皮脂腺と体臭に生じる明らかな変化(ティーンエイジャーの男の子の寝室の悪臭を思い出してほしい)について詳細な研究を行うことによって、このとらえどころのないフェロモンについて、よりよい答えが得られるかもしれない。あるいはまた、乳汁を分泌中のすべての母親に見られる、乳首の周囲の乳輪腺からの分泌物を調べることによっても。

吸引反射と赤ん坊の頭の匂い

母親は、人にとってもっとも重要なフェロモンを作り出せるのだろうか？　赤ん坊に母乳をあたえている母親の乳首の周囲の皮膚から分泌される匂いが、新生児の生存本能を——吸飲反射を誘発しているのではないかと考えられる。授乳中のあらゆる母親の乳首の周囲から分泌される匂いに気づいた赤ん坊は、たとえその母親の実の子でなくても、吸飲態勢に入ることが実験からわかっている。その匂いがその赤ん坊の実の母親のものであるかどうかにかかわらず、そうした反応が観察される事実から、乳首の周囲の匂いは一般的なフェロモンであると考えられる。

しかしその一方で……この匂いの特殊性を示す実験結果があり、その点では典型的なフェロモンの定義に合致しない。いくつかの研究が、赤ん坊は、母乳をあたえられているときに母親の匂いの特徴を学習し、やがてその匂いだけで母親を識別できるようになると結論づけている。母親もまた、自分の赤ん坊をその特別な匂いによって識別している。母親の匂いは赤ん坊にとって非常に大きな意味をもっており、その匂いだけでぐずっている赤ん坊をなだめることができ——そのときお腹が空いていれば乳を飲むよううながすことができる。新生児スクリーニング検査を受けている早産の赤ん坊に母乳の匂いを嗅がせるだけで、落ち着かせることさえできる。フェロモンかどうかは別にして、母乳の匂いには大きな力があるのだ。

ところで、赤ん坊の頭に鼻をすりつけることが、この世でもっとも満たされた気分になれる行為の一つであるのは間違いない。赤ん坊に添い寝しているとき、思わず「食べちゃいたい」という言葉が出てしまうかもしれない。しかし幸いなことに、あなたがギリシャ神話の神、クロノスでないかぎり、おそらくそれを実行に移すことはできないだろう。

こうした思いの背景にあるものは何だろう？　味覚と嗅覚についての学際的な基礎研究に熱心に取り組んでいることで知られる、モネル化学感覚研究所のヨーアン・ルンドストレームによると、赤ん坊の頭の匂いは、母親の脳内に報酬回路を作り出す（子どもをもたない女性はその限りではない）。赤ん坊の頭の匂いは、空腹な人が美味しそうな料理を見たときに経験するのとよく似た生理的反応を引き起こす。これは、進化が作り出した母子を緊密に結びつけるしくみだと考えられている。おそらくこれは、本物の食人的な思考というより、自分の子どもにより接近したい――そして守りたい――という欲求の表れなのだろう。人の親密な関係の成り立ちにおいては、匂いは強力な道具となりうるのだ。

では、匂いは、赤ん坊が誕生する以前にも何らかの役割を果たしているのだろうか？　羊水について詳しく見ていこう。

最初の匂い

母親の匂いは、たいていの場合、外の世界に出た赤ん坊がはじめて嗅ぐ匂いだが、じつは赤ん坊が最初に出会う匂いではない。最初に出会うのは母親の羊水の匂いである。子宮内で妊娠五ヵ月目を迎えるまで、赤ん坊は羊水を飲み、吸い、消化しながら発達を続ける。

フランスの研究チームは、母親の食事内容が羊水の匂いに影響をあたえ、羊水のこの化学的感覚情報が、新生児の食べ物の匂いについての嗜好に関与する可能性があると結論づけている。研究は、母親が妊娠後期にアニス風味の食べ物や飲み物を摂取した場合、生まれた赤ん坊はミルクをもらえると期待してアニスの匂いがするほうに顔を向けることを明らかにした。

同様の研究から、ある種の匂いに対する嫌悪感や嗜好がすでに子宮内で学習されることも確認されている。おそらく赤ん坊は、馴染みのある匂いと味を肯定的体験と結びつけていて、だから当然のように生まれてからも同じ匂いと風味を好むのだろう。では、進化的にはこれをどう説明できるのか？　そう、母親と同じようにしていればまず間違いない、ということだ。母親が何らかの食べ物を食べているなら、彼女がそれを好んで食べ、それによって生き延びてきたことは明らかだ。もしも胎児が、子宮内で感じた匂いや風味を好ましいものとして学習できれば、生まれたあとも同じ匂いに引き寄せられ、母乳に含まれる、そしておそらくは離乳後の食べ物にも含まれる同じ風味を味わいたいと思うようになる。人の味の好みは胎児期からはじまっているのだ。

では父親はどうなのだろう？ 赤ん坊の匂いは父親にも同様の影響を及ぼすのか？ わたしはもともとフェロモンと蛾に関心をもっていたが、自分が父親になってから、人のフェロモンを調べてみたいという思いがふつふつと湧いてきた。赤ん坊は、大人が感知できる特殊な匂いを本当に放っているのかどうか、知りたいと考えるようになった。そして、もしも匂いを放っているなら、その匂いは赤ん坊に対するわたしたちの行動に影響をあたえるのかどうか、ということも。

だれがいちばん鼻が利くのか？

そこでわたしたちは、ミュンヘン大学医療心理学研究所の、人のアロマについての研究実績がある研究者らとチームを組むことにした。研究は、スウェーデンの生後一週から四週の新生児二四名と、二歳から四歳までの幼児二四名について行なった。新生児と幼児は無香性の石鹸で身体を洗ってから、実験用の特別なTシャツ（この種のTシャツはそのうち人のフェロモンに関する実験の代名詞となるかもしれない）を着せられ、清潔な木綿の小さなボンネットを被せられてベッドに寝かされた。

子どもたちの匂いがついたこれらの衣類を用いて、子どもたちの父親や母親、そして無作為に選ばれた、子どもたちとは無関係で子どものいない男女（合計二四名）が、三種類の標本（新生児のもの一つ、幼児のもの一つ、未使用のもの一つ）の中から、新生児が着せられていたものを選び出せるかどうかを調べた。被検者はそれぞれ、この三種を組み合わせた二四組の標本について、選別を行うよう求められた。

実験関係者全員が驚いたのは、好成績を収めたのが母親や子どものいない女性ではなく、父親たちだったことだった。父親たちは、新生児の匂いと幼児の匂いを明らかにうまく嗅ぎ分けることができた。さらに驚いたことに、女性たちは概して、ほかのどの匂いよりも、新品のだれも着ていない衣類の匂いを好んだ。

Ｔシャツやボンネットについた赤ん坊の匂いをガスクロマトグラフィーで分析したところ、その匂いに含まれるさらなる成分を特定することができた。それらの成分は、より年齢の大きい幼児の衣類からは検出されなかったか、されてもずっと低濃度だった。その理由の一つは、おそらく、新生児では生後一週間は皮膚にある皮脂腺が大人と同じくらい活発に働くせいだと思われる。出産時、ある種の物質が母親の身体から胎盤を通して赤ん坊に送られる。そしてそれらの物質が一時的な刺激となって、皮膚からの分泌物を増やすのだ。もう少し年齢が高い幼児では、こうした皮脂腺からの分泌はそれほど頻繁に起きず、思春期に入ると再び活発に分泌されるようになる。

この研究からわかったのは、一般に男性のほうが幼児と新生児をうまく識別する能力をもっているということだった。男性に、乳幼児の匂いを形容してほしいと言うと、彼らは「ほっとする」とか「落ち着く」、そして「甘い」匂いだと表現する。どれも肯定的な表現で、総じて匂いがもっていると考えられる心を鎮める効果を示す言葉だ。男性がなぜそう感じるようになったかについては、推測するほかない。

いつものことだが、人の遺伝子構成は、はるか昔のわたしたちの遺伝子の生存率を反映している。つまり、攻撃的なハンターの男が、狩りを終えて洞窟に帰ってきたとき、騒々しく泣く小さな赤ん坊が放つその素敵な匂いのおかげで、男はその子に対して寛容に振る舞えたのかもしれない。しかし本当のことはだれにもわからない。いずれにせよ、この研究がマスコミに取り上げられたあと、わたしはBBCのインタビューを受けた。彼らの最後の質問は、「では今、新生児の匂いを合成してサッカースタジアムにまけば、フーリガンをおとなしくさせることができるのでしょうか?」だった。

恐れの匂い

もう少し人の攻撃的行動について、そしてそれが引き起こすもの——恐れについて、考えてみよう。果たして人は、匂いを嗅ぐだけで相手の不安や恐れを感じ取れるのだろうか。これまで、あの著名な心理学者、デニス・チェンをはじめとする大勢の研究者たちが、人の汗に「恐れの匂い」が含まれているかどうかを確かめようとしてきた。

いくつかの実験で、被検者にコメディ映画やホラー映画の一部を観せたあと、腋の下の汗を採取し、その後別の被検者に汗が染み込んだガーゼの匂いを嗅がせて反応を測定する方法が採用された。たとえばある実験からは、志願被検者は、「楽しんでいる」男性と「恐れを感じている」男性の汗の匂いを偶然以上の確率で識別できることがわかり、少なくとも人は不安や恐怖に関連した化学信号を出している可能性があることが示唆された。さらには、わたしたち人間は、どうやらその信号を検知することもできる、ということも。

人の身体からの分泌物で、攻撃的感情に影響をあたえる化学信号のキャリヤーではないかとして研究されているのは汗だけではない。別のある研究から、女性から採取した感情的な涙の匂いを嗅ぐことにより、男性のテストステロンレベルが低下することがわかっている。論文執筆者らは、女性の涙に含まれる化学信号が化学的な「やめて」サインの役割を果たし、男性の攻撃性や性的行動を低下させたのだろうと推測した。

涙の匂いを嗅ぐことによってテストステロンレベルが低下する事象は、複数の人について自立的に再現されたが、より興味深いのは、マウスを使った実験でも再現されたことで、子マウスの涙の匂いを嗅ぐことによって、大人のオスのマウスの攻撃性が低下することが明らかになった。これがなぜ興味深いのかというと、人の化学信号についての研究では、まずネズミにおいて観察された反応が、人についても再現できるかを確かめるのが通常の手順だからだ。ところがこの研究では、まず人について観察された反応があって、それがネズミでも再現されることが確かめられた。

何らかの化学物質？

さて、先ほどの赤ん坊に話を戻そう。あなたが赤ん坊の頭に鼻をすりつけ、心を落ち着かせるその匂いを吸い込む前に、大人の腋の下の匂いをひと嗅ぎかふた嗅ぎすることもあるだろう。しかしあなたがそのとき感じるのは恐れの匂いではない。欲望を掻《か》き立てる匂いだ。

フェロモンの研究者は、腋の下に注目することが非常に多いように見える。そして腋の汗の匂いが思春期に徐々に強まっていくことを考えると、それは少しも驚くようなことではない。人の腋の下には──下腹部にも──アポクリン腺と呼ばれる特殊な汗腺がある。エクリン腺が人の全身にあって、透明でサラッとした匂いのないしょっぱい汗を分泌し、体温調節の役割を果たしているのとちがって、アポクリン腺は毛穴の中に脂肪質の物質を分泌し、それが非常に強い匂いの元になることがある（不快な匂いはこの物質固有のものではなく、肌の表面に届いたその脂肪質の物質をバクテリアが分解する際に出るもので、だからこそ腋の下に振りかける消臭剤に効果があるのだ）。思春期に匂いが強まるということは、その匂いには何かの理由があるのだろうか？

わたしは、大学で行なっている知覚についての講義で、学生たちに参加してもらって人には匂いだけで男女を識別する高い能力があることを証明する実験をしている。その際には講義に参加する学生全員に、前日は無香料の石鹸を使ってシャワーを浴び、翌朝も消臭剤や香水はいっさいつけないようお願いする。講義をはじめる前に全員にガーゼパッドを配り、午前の授業中ずっと両腋にそのガーゼをつけておくよう依頼する。その後、それぞれガーゼを取り外して瓶の中に入れてもらい、瓶には性別だけがわかるようになっている匿名の番号を記入してもらう。次に、全員がすべての瓶の内部の匂いを嗅いで、その匂いが男性のものだと思うか、女性のものだと思うかを評価する。結果は常に有意性が高く、八〇パーセントの確率で、その匂いの提供者の性別が正しく言い当てられた。しかしもちろん、性別を間違える例もあった。

最後に、学生たちにその匂いが強いか弱いか、そしてそれがいい匂いか嫌な匂いかを評価してもらう。その結果、強く嫌な匂いはすべて男性のものだと判断され、弱く、不快感の少ない匂いは女性のものだとされることがわかった。そして実際その通りであることが多かった。体臭は複雑なものだが、わたしたちはみな、人のもっとも強い匂いの原因とされるアポクリン腺と、ステロイドであるアンドロステノンやアンドロスタジエノンをもっている。関連物質であるこれらのステロイドは、男女ともに思春期に増加するが、男性のほうがとくに増え方が顕著なのだ。

そしてどうやら、この二つのステロイドの匂いを心地よく感じるか不快に感じるかを決めているのは遺伝子であるようだ。

おそらく男女を識別する手助けをしていると思われるわたしたちの嗅覚は、パートナー選びにも関わっているのだろうか？

遺伝子と免疫増強

ナポレオンの好色ぶりを伝える俗説――ナポレオンは戦場から最初の妻であるジョセフィーヌに「もうすぐ帰る！　身体を洗わぬように」と書き送ったとされている――からすると、人の体臭には誘惑的な特性があるのかもしれない。これはナポレオンだけの奇妙な性癖なのだろうか。あるいはあらゆる人に見られる特性なのか？　もしもそうなら、匂いで未来のパートナーを嗅ぎ分けることにいったいどんな意味があるのか？

多くの科学者がずっと解明しようとしてきた疑問の一つに、人の体臭からその人の免疫系について多くを知ることは可能なのか、というものがある。自分と異なる免疫系をもつ人をパートナーに選ぶことには利点がありそうだが、果たしてわたしたちは、匂いをじっくり嗅ぐだけで、パートナーとしての相手の良し悪しを本能的に察知できるものだろうか？　そのようなパートナーとの間に生まれた子孫はみな、より丈夫な子どもになりそうだが。

実際にそうしたことが起こりうるのかを理解するために、研究者たちは何がわたしたちの回復力を高めるかを研究してきた。脊椎動物はみな、すべての細胞の表面に存在するタンパク質群をもっている。これらの細胞表面のタンパク質群は主要組織適合遺伝子複合体（ＭＨＣ）と呼ばれ、免疫系の調整を助ける働きをしている。ヒト白血球型抗原（ＨＬＡ）は人のＭＨＣで遺伝子にコードされている。このＨＬＡが未来のパートナーの資質を測る尺度となるのだろうか？

ある実験では――やはり着古したＴシャツが用いられた――女性被検者が、男性たちが身に着けていたシャツの匂いを嗅ぎ、付き合いたいと思う男性のシャツを一枚選ぶよう求められた。すると女性たちは、自分のＭＨＣ遺伝子とは異なるＭＨＣ遺伝子をもつ男性のシャツを選ぶ傾向があった。しかし経口避妊薬を服用中の女性たちは正反対の反応を示し、自分と似たＭＨＣ遺伝子をもつ男性のシャツを好んだ。これはおそらく、経口避妊薬が女性の身体を妊娠中と同様のホルモンの状態にしたせいで、そのような状態のときには、女性は自分を支援してくれそうな、自分に似た近縁者にそばに居てほしいと考えるのだろう、と研究者らは推測した。ただし一つ断っておくと、今のところ、この結果を再現できた別の実験例は一つもない。

別の研究からは、女性は自身のＭＨＣ免疫タンパク質と似通った匂いの香水を好む傾向があるとわかった。つまり女性は、パートナー候補者には自分とは異なる匂いのＭＨＣをもつ相手を好むが、自分がつけるときは、自らのＭＨＣと同じ匂いを好むということだろう、と研究チームは推測した。その理由は何か？　おそらく女性たちは、そうすることで自身の免疫系の匂いをより強められると直感的に感じたのだろう。ただし、この実験に関しても参加した被検者数が限られており、この結論の信頼性を高めるためには、より多くの実験が必要だ。

いま紹介してきたすべての研究において、研究者らは、あると仮定されるフェロモンの揮発性分子に間近で接触したときの人々の反応を観察した（被検者はＴシャツに顔を近づけて匂いを嗅いだ)。離れて嗅ぐフェロモンの匂いについては、まだ十分研究されていないようで、人にはその能力がないか、離れた場所で嗅いだ匂いには人の嗜好やホルモンの状態を変化させる力がないかのどちらか、あるいはその両方だと思われる。

女性たち——月経は同期するのか

女性同士が、たがいの分泌するフェロモンによって月経周期に影響をあたえ合うことはあるのだろうか?

女性の排卵に関するある物議を醸した研究が、一九七〇年代にはじめて『ネイチャー』誌に掲載されたときには、フェロモン研究の突破口として称賛を浴びた。「月経の同期と抑制」と題するハーバード大学の研究者によるその論文は、同じ学生寮で暮らす一三五名の女子大学生を追跡調査し、彼女たちの月経開始日が次第に同期することを突き止めた。この研究のリーダーを務めた心理学者のマーサ・マクリントックは、友人間やルームメイト間に認められたこの月経周期の同期はフェロモンの影響によるものであるにちがいなく、「月経周期に影響をあたえる、人と人の間の何らかの生理作用が存在する」と結論づけた。少なくともこの研究は、多くの女性たちがよく口にするさしたる根拠のない話、つまり女性同士が一緒に暮らしているといつの間にか生理の周期が同じになるという言葉が正しいことを証明した。

しかしその一方で、この結果を再現する、無条件に信頼できる研究はほとんどない。たとえばある別の研究は、女性の腋の下の汗を複数の女性たちの上唇に塗布し、女性たちの月経周期がその匂いの影響を受けた——女性たちの月経周期は、汗の提供者の月経周期と同期した——ことを確認した。しかし被検者の数が少なすぎた。

一九九八年に実施された、外的要因を丁寧に管理した実験はたしかにすぐれた実験だったが、やはり被検者数が少なかった。マクリントックとキャスリーン・スターンの共同研究であるこの実験は、フェロモンは排卵の時期と月経期間の両方に間違いなく影響をあたえる、と主張した。研究チームは、ほかの女性の腋の下の汗の匂いがもたらす影響を、四カ月間にわたって調べた。一〇人の女性が、卵胞期の女性の腋の下の匂いに二カ月間さらされ、その後の二カ月は、別の一〇人の女性たちが、月経後期の女性の汗の匂いを嗅がされた。興味深いことに、「初期」の卵胞期の女性の汗の匂いを嗅いだ女性たちの月経周期は短くなった——平均で一月に一・七日短縮されたが、なかには一四日も短くなった例もあった。ところが月経「後期」の女性の汗の匂いを嗅いだ女性たちの月経周期は長くなった——平均で一月に一・四日だが、もっとも長い例では一二日も伸びた。女性たちが嗅がされた匂いは、九人の女性から提供された汗から採取された。そこにどのような化学的分子が含まれていたかは特定されなかった。

マクリントック効果と名づけられたこの効果に、ほかの研究者らは強く反論した。研究で観察された月経の同期は、ただの偶然もしくはエセ科学であるとさえこき下ろされた。ほとんどの女性の月経周期はそれぞれ異なっているのだから、一緒に暮らしている女性たちの月経周期がどこかの時点で一致する可能性は当然ある、と彼らは主張した。

どのような意見があるにせよ、おそらくわたしたちがより声高に問うべきは、あると推定されているこのフェロモンの刺激による月経周期の同期には、進化的にどのような価値がありうるのか、ということだろう。月経周期の同期は女性たちが手を結び一致団結して男性に立ち向かうためのものだ、という説がある。あるいはこれには、男性パートナー獲得の競争を減らす、もしくは増やす効果があるのだろうか？　月経の同期論は、今もなお異論の多い問題である。

心で──接近と忌避

本章の冒頭で述べたように、嗅覚の主要な機能の一つは、周囲の化学的環境を四六時中監視し、検知した手がかりをもとに、危険が差し迫っていることを警告することだ。わたしたちは息を吸うたびに情報を受け取り、その情報をもとに、行くべき場所と行ってはいけない場所、食べていいものと食べてはいけないもの、そしてある意味、友だちになっていい人となってはいけない人を決めている。そしてどうやら検知しやすいものほど、良くない状況と関連したものであるらしいことがわかっている。たとえばだれかが嘔吐したあとの匂い（近くに腐った食べ物があるか、病気の人が居るにちがいない）や、煙の匂いと何かが焼ける匂い（間違いなく炎に焼かれる危険がある）、あるいは腐った食べ物や飲み物の匂いがそうだ。

これらの、多少なりとも人が本能的に知っている匂いの情報以外にも、人は、ある特殊な匂いとそのときに起きた何か悪いことを、またたく間に結びつけて学習してしまう。何かを食べたあとにひどく体調が悪くなったときが、そのよくある例だ。そしてしばしば、メロンであれ、ミートボールであれ、マスカルポーネ・チーズであれ、その食べ物の匂いに一生嫌悪感を感じつづけるようになる。この連想的な記憶は、不安さえ呼び覚ますことがある。

ストックホルムのカロリンスカ研究所のヨーアン・ルンドストレームは、人の脳がこうした負の関連づけをどのようにして作り上げるかを解明するための、みごとな実験を行なった。被検者にとってそれまで中立的な意味しかもたなかったある匂いを電気刺激とともに提示することによって、ルンドストレームはその匂いに対する負の印象を被検者の中に作り上げることに成功した。研究チームは、識別が難しい二種類の匂い分子を用いて実験を行い、その片方の分子が、不快な経験を模した電気ショックとともに提示された場合、被検者はその二種を識別できるかどうか調べた。はじめのうちは、被検者たちは二種類の匂いを区別できなかったが、やがて電気ショックとともにあたえられた匂い分子をうまく識別できるようになっていき、匂いが低濃度であっても同じだった。八週間後、被検者らは再び集められ、二つの匂いを識別するよう求められた。ところが興味深いことに、被検者らはあの「電気ショックとともにあたえられた」匂いへの敏感性をもはや保持していなかった。理由はかならずしもよくわかっていない。

おもしろいことに、別の研究が、匂いの物理化学的特性が、ある種の匂いに対するわたしたちの長期的な嫌悪感の原因である可能性を示した。より多量の、より複雑な構造の匂い分子は、三叉神経へのより強い刺激(匂いがもつ刺激の強さ――唐辛子を口にしたときのあのピリッとした味の元)となりうる、と研究チームは示唆した。研究は、匂いの構造が複雑であればあるほど、刺激への慣れに支障をきたす、すなわち被検者はその匂いを常に不快に感じるようになると論じた。言い換えれば、そうした警告的な匂いを検知する嗅細胞は、刺激への慣れをほとんど、あるいはまったく示さなかった。嗅細胞は、周囲に漂うそのひどい匂いに慣れず、反応をやめることもなかった。よい匂いや、どちらともいえない匂いのほとんどに対しては、慣れて反応しなくなるものなのだが。

わたし自身、この匂いへの慣れが生じない現象を二〇年ほど前に体験している。当時三歳だった息子を連れて、年に一度のトナカイの間引きに立ち会うためにスウェーデンの北のはずれの町に車で行ったときのことだ。かなり大きめのピザを平らげてからの帰り道、息子は後部座席で嘔吐した。その後の、スベーグからルンドまでの一〇〇〇キロメートルの道中、わたしは息を吸うたびに吐き戻されたピザの香りを感じつづけた。

とても嫌な匂い

匂いの多くはそれぞれ固有の価値をもっていて、誘うように、あるいは心地よく人の鼻を刺激する。わたしの友人でイスラエルのワイツマン科学研究者に勤務する著名な神経科学者ノーム・ソベルが、人が匂いをどのように分類するかを調べた。その結果と匂い分子の化学的構造との関わりを分析した結果、見つかった唯一の有意のパラメータは、その匂いの心地よさの程度——いい匂いか嫌な匂いか、心地よい匂いか不快な匂いか——だった。

神経科学研究所およびカリフォルニア大学心理学部とのこの共同研究で、ソベル率いる研究チーム、ワイツマン・グループは非常に複雑な実験を行なって、人の匂いの感覚を作り上げている普遍的な法則を見つけ出そうと試みた。研究チームはまず、一六〇種類の異なる匂いのデータベースを作成した。これは、一五〇名の香りと匂いの専門家により、一四六種の特徴を元に分類されたもので、特徴のなかには、たとえば「甘ったるい」「いぶしたような」「カビ臭い」などが含まれていた。研究チームは次に、これらの匂いについて、ほかの匂いとのちがいをもっともはっきりと示す唯一の特徴を分析した。その結果、すべてが心地よいかどうか——匂いから受ける心地よさの程度——に集約されることがわかった。

評価の尺度には、片側に「甘い」や「花のような」、反対側に「鼻につく」や「吐き気をもよおす」を置いた。次に研究チームは匂い分子の化学的構造のデータベースについても同様の統計的分析を行なった。匂い分子それぞれの、一五〇〇以上の特徴を考慮したうえで、ほかの分子とのちがいをもっともよく表すファクターあるいは数字を探し出したのだ。これもまた、心地よさの程度であることが明らかになった。つまり、人がその匂いをどの程度心地よく感じるかを、匂い分子の構造のみから推測できる可能性がある、と研究チームは論じた。

おもしろいことに、同じ研究から、人の鼻の中にある嗅覚受容体は、心地よい匂いを検知して反応する受容体と不快な匂いを検知する受容体が、それぞれ特定の領域に集まって分布している傾向があるとわかった。個人の文化的環境や経験が、ある種の匂いに対する感じ方や、嗅上皮にある嗅細胞の構造に影響をあたえないというわけではないが、それでも非常に心地よい匂いや、非常に不快な匂いに関しては、いわゆる世界的コンセンサスが存在する可能性がある。

ノームはこの研究を次のようにまとめている。

「本研究からわかったのは、人が匂いを検知するしくみは、少なくとも部分的には脳に組み込まれているということだ。ある程度の順応性はあり、その人の人生経験が匂いの感じ方に影響することは確かにあるが、ある匂いが心地よいか不快かという感覚の大部分は物質界の現実的秩序に従っている。つまりわたしたちは、あらたな物質の化学的構造から、その物質の匂いが人にどのように受け止められるかを予想することができるのだ」

ここで、いくつかの研究が、幼い子どもは不快な匂いと心地よい匂いを、大人ほどはっきりと区別していないと思われると示唆していることを付け加えておくべきだろう。子どもたちは、ある匂いが強いか弱いかはわかるが、概してその匂いを心地よいとか不快だと形容することはない。

一般的には、匂いをその心地よさの程度以外の方法で分類するのは非常に困難であり、匂いをだれにでもわかる言葉で形容するのはたいていの場合不可能だということがわかっている。これを踏まえて、ワイツマン・グループは匂い分子の構造に関連した匂いの表現法を予測するのをやめて、二種類の匂いについて、それが「どのように」匂うかとは無関係に、それが似ていると感じられるか、あるいは異なっていると感じられるかを予測しようとした。それにより、研究チームは測定基準を、つまり二種類の匂い分子の混合物に、その構造に基づいて付与することができる、その匂い物質の類似性を真に反映する数字を見つけ出した。

ワイツマン・グループは、この発見は匂いの数値化の基礎になるだろうと主張し、しかし、長く待ち望まれてきたゴールに彼らが本当に向かっているかどうかが明らかになるのは先の話だと述べた。さらに、デジタル化された未来への人類の夢をより複雑なものにしているのは、人は、匂いを識別し、言葉で表現する能力があきれるほど低いという事実なのだ、と付け加えた。

人の脳の内部

この匂いを言葉で表現する能力の低さは、おそらく人の脳が匂いや言語を処理する方法と関わりがある。匂いや嗅覚が人にとって非常に重要なものであるということに少しでも疑問を感じている読者は、世の中に匂いに関する表現がどれほどあふれているかを考えてみるといい。何かが気に入らないとき、わたしたちは何か臭うと騒ぎ立て、あるいは鼻であしらう。不正に気づくことを、不正を嗅ぎつける、という。直感に従って行動すべきだと感じたときは、嗅覚に従う。こうした表現が存在するのは、嗅覚は信頼できる知覚だとわたしたちが本能的に知っているからだろう。

そしておそらく嗅覚は信用に値するが、わたしたちは往々にして匂いを適切な言葉で表現するのが下手だ。風景や目に見えるものに関する言葉に比べると、匂いに関する語彙はそれほど豊かではない。健康な志願被検者に一般的な匂いを言葉で形容するよう依頼しても、決まってうまく答えられない。いくつかの研究から、その原因が脳の複数の領域にあることがわかっている。人が匂いに名前をあたえようとするときに活性化すると考えられている脳の領域が、二つある。それは前側前皮質と眼窩前頭皮質である。その研究に携わった研究者らによると、この二つの領域が受け取るのはまだ十分処理されていない嗅覚信号であるため、言語処理を行う脳の領域を働かせてその匂いを識別し、名前をあたえることがよけいに困難なのだという。

進化的に見ると、言語処理能力は匂いを処理する能力よりずっとあとに発達した。わたしたちが日常的に匂いをうまく言葉で言い表せないのはそのせいかもしれない。人の脳が、日常的な匂いの体験をどのように処理し、言葉にするのかを真に理解することは今後の課題である。

この匂いの言語的側面についての考察に触発されて、わたしはある種の文化が匂いをどのように表現しているかを調べてみることにした。同僚で言語学の専門家であるアシファ・マジードと共同で、マレーシアの熱帯雨林に住むジャハイ族とヨーロッパ人について、匂いの表現の仕方がどのようにちがうかを比較する研究を行なった。その結果、ヨーロッパ人（この実験では一例としてオランダ人を被検者とした）は、一般に具体的な語句を用いて匂いを言い表すことがわかった。言い換えれば、ヨーロッパ人は匂いをよく知っている何か、たとえばバナナなどに喩《たと》えて表現した。また、彼らは匂いを言葉で言い表すまでに時間がかかった。それとは逆に、ジャハイ族はより抽象的な語句、たとえば「カビ臭い」などで匂いを表現し、時間もそれほどかからなかった。

またわたしたちは、さまざまな匂いが呼び起こすヨーロッパ人とジャハイ族の表情にも注目し、匂いを言葉で表現する方法はちがっても、匂いに対する感情的反応は同じであることを確かめた。アシファと共同研究者らが以前に行なった研究からは、ジャハイ族は匂いを識別する能力が非常に高く、ある種の重要な匂いを表現するための、いくつかの特別な語彙《ごい》をもっていることもわかっている。それに対して、わたしたちヨーロッパ人は色については「赤」「青」「緑」などの語彙をもっているが、匂いについては同様の語彙を持ち合わせていない。

ジャハイ族は、異なる刺激的な匂いを一つひとつ表現する語彙をもっており、また、肉や魚が放つある種の血なまぐさい匂いを特別に言い表す言葉ももっていて、わたしたちが色の名前を口にするときのように、それらの言葉を使って簡単に匂いを言い表せる。ジャハイ族がもつ匂いに関する語句はどれも、多くの場合熱帯雨林での暮らしにとって非常に重要なことを表現している。たしかトラを引き寄せる血の匂いを言い表す言葉もあって、ジャハイの人々に言わせると、それはアタマジラミをつぶしたときの匂いとよく似ているらしい。

匂いがなければ味もしない

大学の授業で、いつも学生たちと一緒に行なっているもう一つの簡単な実験がある。鼻腔後部の嗅覚――ものを食べるときに風味を感じるのに役立つ――の重要性を証明するための実験だ。目隠しをし、鼻から息を吸えないようにノーズ・クリップをつけた学生のグループに、ケチャップとマスタードのちがいを言い当ててもらう。しかしだれも正解できない。次に目隠ししたまま、クリップだけを外してみると、全員が簡単に正解できる。その理由は？　じつはケチャップとマスタードは、甘さ、しょっぱさ、酸っぱさの程度が同じである。二つの味の本当のちがいは、鼻腔後部で感じるトマトとマスタードの匂いを嗅いだときにはじめてわかるのだ。

これもまた、嗅覚消失が重大な障害だと考えられている理由の一つだ。食べたり飲んだりしたときの感覚の最後の仕上げ部分が、嗅覚消失によって多少なりとも失われると、あらゆるものがほとんど同じに感じられてしまう。マッカラン・ウィスキーもアードベッグ・ウィスキーも同じに思える。最高級のリオハワインと普通の赤ワインのちがいがわからなくなる。

だから、ソムリエが「テイスティング」のためにあなたのグラスにワインを注いだら、本当にまず匂いを嗅ぐべきなのだ。さらにグラスを回してからもうひと嗅ぎし、それからワインを口に含むべきなのだ。ワインからその香り、つまり芳香が立ち上れば立ち上るほど、あなたの嗅覚はその香りを感知しやすくなる。そしてその味をもっと楽しめるのだ——それが本当に上質のワインであれば。

感情と記憶

最後にお話しするのは、おそらく嗅覚の不思議の中でももっとも謎の多い部分についてである。ある匂いをひと嗅ぎしただけで時が巻き戻され、そのときにいた別の場所のことが、そしてまさにそのときの感情が蘇るのはなぜなのか？

こうした経験は、しばしば「プルーストの記憶」とか「プルースト効果」、あるいは「プルーストの時間」と呼ばれるが、それは作家マルセル・プルーストの著書の、子ども時代の記憶がとめどなくあふれ出す場面にちなんだ表現だ。プルーストは、リンデンティー〔菩提樹のハーブティー〕に浸したマドレーヌの甘い香りに記憶を呼び覚まされ、一九一三年から一九二七年にかけて出版された『失われた時を求めて』のなかに、その記憶を長々と書き記した。しかしじつを言うと、どんな匂いにも記憶を呼び覚ます力はある。

この種の「不随意記憶」の重要な特性は、ずっと忘れていたある匂いをきっかけに、どこからともなく記憶が突然蘇ることだ。そしてその記憶は、その匂いと出来事が記憶されたときにその人が感じた強烈な感情と結びついている。

プルーストの詩的逸脱は、科学的な精査に耐えうるのだろうか？　香りや匂いが感情を強く揺さぶる記憶を呼び覚ます理由は、嗅覚を処理する脳の部位が大脳辺縁系にあって、情動をつかさどり記憶を保存する脳の小さな領域、扁桃体と直接つながっているからだ。記憶に残る匂いがわたしたちを不意打ちにし、その場に釘付けにしてしまうのは、匂いに関しては即時の知覚的処理が行われないせいだ。嗅覚的情報は、その後は海馬に伝えられるだけだ。そのような経路をたどってきた情報が記憶を呼び覚まし――強烈な感情も蘇らせるのは当然だろう。ＰＴＳＤに苦しむ人々は、そのことを十分すぎるほどよく知っている。トラウマとなっているある時期によく嗅いだ匂いが辛い記憶を呼び覚まし、さらには深く根づいた恐怖心まで蘇らせることがある、と患者はしばしば訴える。

取るに足らない知覚ではない

人の嗅覚の全体像について概要を述べる、という本章の性質上、限られた話しかできなかった。しかしわたしたちの鼻のすぐ奥に隠された秘密や謎のいくつかを、匂わせることはできただろう。

間違いなく言えるのは、わたしたちの嗅覚はけっして取るに足らないものではないということだ。嗅覚は激しい感情を呼び覚まし、記憶を喚起し、病気の診断を助けさえする。匂いを嗅げるからこそ、人は人生や愛の生活を存分に楽しめる。

第14章を読んでいただければ、化学的感覚についての研究者たちが、自分たちの知識を活かすためにどのような努力をしているかがわかるだろう。知識を戦略的に用いて匂いを適切に利用することによって、高齢者が恐れるあの認知能力の低下を遅らせることさえできるかもしれない。

第3章

犬はすぐれた嗅覚をもっている

犬は毎日の散歩にけっして退屈しない。一方飼い主である人の目には、いつもの散歩ルートは代わり映えしないものに見える。人が散歩するのは、たいてい運動のためだ。しかし犬にとっては、散歩は健康を維持するためのものではない。散歩は周囲で何が起きているかを把握するための、刺激に満ちた体験なのだ。散歩中、犬は飼い主とはまるで異なる世界を生きている。飼い主が一歩も動こうとしない犬のリードを引っ張ったり、犬に頼み込んだりしている滑稽とも言える姿をしばしば目にするのはそのせいだ。「ここには目新しいものは何もないよ」と飼い主は言いたいのだろう。そして人にとっては、その通りなのかもしれない。

しかし犬にとってはそうではない。ほんのかすかな匂いさえも嗅ぎつけるその驚くべき能力が、彼らが見るこの世界の風景と意味を大きく変えている。その能力のせいで彼らは何度も、何度も立ち止まってはおしっこをかけ、ただの儀式的行動を、主権争いに発展させる（しっかりトレーニングされた犬の場合、普通はそうならない）。犬は、自分も匂いの物語に加わりたいと思っているのだ。散歩途中に縄張りを主張するマーキングを残すことによって、彼らは次にやってくるイヌ科の動物に伝える匂いの物語に参加しているのだ。

犬は、鼻を地面につけたり空中に高く掲げたりしながらそれぞれの探知作業に没頭し、わたしたち人間には見えない物語を再創造する。それは、人には検知できない香りや匂いに暗号化された物語だ。人は見えているものだけに注目し、今この瞬間、目の前にあるものだけに目を向けがちだが、犬は周囲の空気や地表を念入りに調べて、そこで起きた出来事や状況を理解しようとする。彼らは過去の出来事を匂いで知る。犬はその鋭敏な鼻のおかげで、人とは比べものにならないほどすぐれた能力をもち、人とはまったく別の世界を見ることができるのだ。

犬にとって、匂いを嗅ぐことは知的刺激の源である。匂いを嗅ぐことによって犬は状況を理解し、その場をうまく切り抜ける。犬は嗅覚だけを使って過去から現在までに何があったかを理解し、ある意味では未来さえも見通す。ある小道には何もないようにあなたには見えるかもしれないが、犬は、あなたたちがそこに来るよりずっと前に、その道で何があったかを嗅ぎ出すことができる。あるいはずっと遠くにある何かに、そのときは見えていない何かに、かすかに漂ってきた匂いで気づくことができる。犬は危険を嗅ぎつける。さもなければ獲物を嗅ぎつける。あなたが猫を見つけるよりずっと前に、あなたの犬がその猫の気配に反応したことはないだろうか？それもまた、彼らの並外れた嗅覚の鋭さのおかげなのだ。

犬は、人にはとうていできない敏感さで匂いを察知する。時がたって薄れかけた刺激臭や、かすかに残っている匂いにも気づくことができる。犬にとっては、その匂いがどんなに薄れていても、あるいはそれが最初から薄い匂いだったとしても問題ない。たとえば、ストレスや不安を感じたときに分泌されるあの闘争・逃走ホルモン、アドレナリンを、人が感知することはほぼ不可能だ。しかし犬は簡単に感知する。それが、犬が人の心の支えとなる頼りがいのある動物とされている理由の一つだ。人が不安や恐れを抱いているとき、犬は本当にそれを感じ取る。犬を怖がっている人に犬がしばしば寄っていくのも、この能力のせいかもしれない。

鋭い嗅覚

犬が、わたしたち人間よりも匂いに気を取られやすく、匂いに引き寄せられるように見えるのはなぜなのか？　第一に、匂いについての犬の閾値《しきいち》は人のそれより低く、だから匂いにより気づきやすい。数値に幅はあるものの、多くの研究者が、ある種の化合物に対する犬の閾値は、人の閾値のおよそ一〇〇〇倍から一万倍低いと予測している。

犬が空気中の匂い——揮発性の有機化合物——を検知できる濃度の下限は、一兆分の一パーセント（一ppt）とされている。閾値のこの驚くべき低さと正確かつ鋭敏な嗅覚は、犬の鼻の解剖学的構造とどう関係しているのだろう？

湿って黒光りしているあの鼻に秘密があるのだろうか？　犬は鼻と足の裏の肉球に汗腺をもち、それらは体温調節の役目を果たしている（わたしたちのように全身に汗をかくことはない）。鼻の中や上、まわりの空気が湿っていれば、より匂いを吸い込みやすくなる。犬がしょっちゅう自分の鼻を舐《な》めているのはそのせいで、湿り気を増やすことによって嗅覚を高めているのである。濡れた鼻はまた、犬が風向きを知るのにも役に立つ。濡れた鼻の表面に風が当たると、そこだけが冷たくなるからだ。人が濡らした指を立てて風向きを調べるのと同じことだ。そして、匂いは風に乗って漂ってくるから、風向きがわかれば、その匂いがどちらから来たのかもわかる。しかし、いま述べたことは犬の嗅覚の鋭敏さの謎を解く鍵ではない。重要なのは、犬の鼻がどのような構造になっていて、内部で何が起きているかということなのだ。

犬の鼻は、一見ごくありふれたものに見えるだろう。鼻の孔《あな》が二つあるのは、人と同じだ。しかし人とはちがって、犬は鼻翼のそれぞれを独立的に動かし、使うことができる。このことは、匂いの源を、あるいは匂いが漂ってくる方向を突き止めるのにも役立つ。

自分の意思で別々に動かせる鼻翼のほかに、犬の鼻には左右に細長い切れ込み、つまり鼻孔がある。これはわたしたち人間には――おそらくありがたいことに――無いものだ。この二つの切れ込みは、目的に応じてより効率的に息を吐き出せるようにし、匂いの吸収率を高める働きをしている。犬は鼻翼にある鼻の孔から息を吸い込み、鼻の脇の切れ込みから息を吐き出す。そうすることによって、次に息を吸うときに新しい匂い分子を鼻腔に押し込む空気の流れを作り出しているのだ。

犬が鼻から空気を吸い込んだり、匂いを嗅いだりするときの鼻のまわりの空気力学について調べた研究者らは、犬は匂い発生源に向かって息を吐き出さない、ということに気づいた。犬は鼻の切れ込みから、匂いの源を避けて、横や後ろに向けて呼気を噴出していた。それによって匂いの発生源を荒らしたり汚染したりするのを避け、その匂いを確実に鼻孔から吸い込むことができる。犬は匂いの源を求めて「精査し」、頻繁に鼻をクンクンいわせ、発生源に狙いをつけたら匂い分子を一気に嗅上皮まで吸い上げる。息を吐くあいだ、嗅覚をつかさどる領域に空気の出入りはいっさい生じない。つまり呼吸の一サイクルが終わるまで、匂い分子が汚染されたり希釈されたりすることはなく、匂い分子は嗅上皮にある化学受容器に効率よくさらされる。

一つ付け加えておくと、激しい喘《あえ》ぎは匂いの源の周囲の空気の流れを乱すと考えられており、疲れている犬や、体温を下げようとしている犬が匂いをうまく感知できないように見えるのはそのためだと思われる。栄養状態や微生物叢の状態がそれほど良好でない犬、あるいは単に体調が悪い犬にも同様のことが言える。とはいえ、頻繁に鼻に空気を吸い込むことによって、犬はわたしたち人間とは比べ物にならないほど多くの匂い分子を鼻腔に取り入れることができる。

長い回り道

匂い分子が鼻に入ったら、その後はどうなるのか？　犬の鼻の内部は匂いを評価するのに理想的な造りとなっている。鼻の中では匂い分子はやや遠回りさせられる。匂い分子は精巧なつくりの嗅覚器を超えていかねばならず、そこには嗅細胞——匂いを検知する細胞——がぎっしり詰まった湿り気のある嗅上皮が、鼻腔全体を満たさんばかりに広がっているのだ。

犬の嗅上皮の特徴は、入り組んだ渦巻き型の骨の上にあって、複雑に折りたたまれた巻物のような形をしていることだ。篩骨甲介《しこっこうかい》と呼ばれるこの器官は、吸気とともに吸い込まれた匂い分子の一つひとつを迷路のような旅へいざない、その結果、これも重要なのだが、より広範囲にわたる嗅上皮が匂いの評価に関わることになる。犬の嗅上皮には、人に比べてずっと多くの嗅覚受容体が存在する。少なくとも、犬は人の五〇倍の数の嗅覚受容体をもつと考えられている。また、追跡に特化して飼育されたブラッドハウンドは、最高で人の三〇〇倍の嗅細胞をもつことがいくつかの研究からわかっている。

　心理学者で『犬から見た世界　その目で耳で鼻で感じていること』（白揚社）の著者でもあるアレクサンドラ・ホロウィッツが述べているように、人はおよそ五〇〇万個の嗅細胞をもっているが、犬の嗅細胞の数は数億個、いやもしかすると一〇億個もある。迷宮のような構造と嗅上皮の表面積の広さのおかげで、犬は複雑な匂いを嗅ぎ分けることができる。犬の嗅覚に比べると、人の嗅覚はあたかも発達が途中で止まってしまったかのようだ。そして鋤鼻器に関しては、まさにその通りなのだ。

　ヤコブソン器官という名でも知られる犬の鋤鼻器は、匂いを検知するための付加的な器官である。人では、この器官は進化の過程で実質的に失われてしまった（第2章参照）。口蓋の真上にあるこの鋤鼻器は、ある種の匂い、多くは低揮発性の匂いをとらえて識別するのを助けている。鋤鼻器では、舐めることによって匂いをよりよく吸収できる。そして何よりも重要なのは、この第二の嗅覚には、同種間の社会的、性的コミュニケーションに欠かせないあの化学信号、フェロモンを検知する化学受容器も備わっている、ということだ。

フェロモンが検知されると、この化学信号は嗅球と呼ばれる特殊な場所に送られて処理され、情報は神経系を介して直接脳の視床下部に伝わり、すぐにある種の行動を引き起こす。あなたが、唇がめくれ上がり、鼻の穴が広がっている犬の姿を見たことがあるのなら、それはフレーメン反応で、そのとき犬は口を大きく開いて鋤鼻器を空気にさらそうとしているのだ。同様の行動は、馬や鹿、羊など、ほかの多くの動物にも見られる。

この反射作用は、口蓋の門歯の後ろ側にある二つの小さな穴を開いて、鋤鼻器を匂い分子によりこ多くさらそうとするもので、匂いやフェロモンを検知して識別する——そして反応する能力を高める効果がある。一般に、フレーメン反応は尿臭や性器周辺の匂いが引き金となって生じ、舐める動作と併行して観察されることが多い。犬はそんなふうにして匂いを取り込んでいるのだ。

犬の暮らし

この嗅覚の鋭さは、犬の暮らしにどんな影響をあたえているのだろう？　毎日の散歩のたびになわばりをマーキングしたくなること以外にも、犬は嗅覚を利用してさまざまな交流を行い、散歩中にたまたま出会った相手についてさえ、その犬の群れにおける社会的地位を判断している。

つまり、自分以外の犬の尻の周囲の匂いを嗅ぐあの行動には、ちゃんとした目的があるのだ。

彼らの鋭い鼻が相手の尻に引き寄せられるのは、そこがあらゆる種類の重要な、そして緊急の情報を読み取れる部位だからだ。その部分の匂いを嗅ぐことによって、犬は相手の性別や健康状態、栄養状態、そしてその犬が中心的な地位にあるのか、従属的な地位なのかということまで判断できる。また遺伝子を後世に伝えるという重要な目的のために、相手の生殖能力も知ることができる。

飼い犬のオスが発情期を迎えたのを見たことがある人ならだれでもわかるように、犬のオスは盛りのついたメスにはとくに追従的だ。発情期のメスの匂いを嗅ぎつけたオスは、その匂いをずいぶん遠くまで追っていく。オスはまた、ほかの犬にメスを横取りされないように、なんとしても臭跡を隠そうとする。メスが排尿した場所の上に自分の尿をかけてマーキングするのだ。この行動によってオスはメスを独占することができ、それは遺伝子を残すチャンスを高めることにつながる。

犬が欲しがりそうな情報のほとんどは、犬の肛門嚢《のう》とその近くの皮脂腺から分泌される腺分泌物の中にある。つまりすべての情報は尻にある。この化学的情報の大部分は、鋤鼻器によって検知されて脳に送られる。

これらの嗅覚器官と神経系のおかげで、犬は匂いに対する敏感さと、大量の匂いの中から狙った匂いを検知する並外れた能力を得ている。人類は早くから犬のこの能力に気づき、彼らの鋭い嗅覚を自分たちのために使う方法を考えだした。しかしこの特別な協力関係は、いつどこではじまったのか？

オオカミに何が起きたのか？

ハスキー犬をひと目見れば、明らかにオオカミの子孫だとわかる。しかし今はやりのトイプードルはどうか？　チワワは？　じつはＤＮＡ鑑定の結果、すべての飼い犬が共通の祖先をもつことがわかっている。彼らはみな、ハイイロオオカミの子孫が飼い慣らされたものなのだ。オオカミが家畜化された理由に関してはさまざまな推測があるが、確定的な答えはなさそうだ。犬は人間が飼い慣らした最初の動物であり、安全と食料を提供してもらうのと引き換えに見張り役と狩りの手伝いをしたと考えられているが、野生のオオカミが飼い犬へと変化した詳細な経緯は今もはっきりとわかっていない。

オオカミの家畜化は、長い年月をかけて生じた、起こるべくして起きた偶然の出来事だったのかもしれない。おそらくオオカミは、残飯を狙って人の後をつけるようになり、そのうちのより従順なものたちが人に近づき、餌をもらって生き延び、その従属的な遺伝子が子孫に伝えられて、我々がよく知る現代の家庭犬となったのではないか、と考えられている。しかし、最初にオオカミが人と一緒に散歩したり、協力して働いたりするようになったのが、いつ、どこでなのかは、わかっていない。あるいは二万年ほど前かもしれないし――四万年前かもしれない。プードルやラブラドゥードルは選択交配の産物だ。

はじまりがいつだったにせよ、この長期にわたる稀有な協力関係の根本にあるのは、人の視覚とオオカミの嗅覚の組み合わせであり、さらには、人が発する社会的な合図と重要なホルモンを検知するオオカミの能力なのだ。オオカミは、オキシトシンと呼ばれるホルモンで絆を深める人のメカニズムを利用しているように見える。オキシトシンは母親と赤ん坊の心のつながりや、その他の信頼関係を深めるホルモンだ。オキシトシンは、人と人が、とくに母親と赤ん坊が見つめ合ったときに分泌されると考えられている。そしてある研究によって、犬がこのメカニズムを利用して人との心の結びつきや深い愛着関係を作り出している可能性が示唆された。犬が見せるあの愛くるしい眼差しには、より大きな思惑があるのかもしれない。

狩りは、オオカミと人の親密な協力関係が最初に生まれた領域の一つである可能性があり、今もなお家庭犬と人が協力して働く重要な場である。

事例証拠から科学的研究結果まで

自分の犬を観察してきた結果、わたしは彼らが健康な動物や怪我をしている動物、あるいは死にかけている動物を見つける不思議な能力をもっていることを示すいくつもの事例証拠を得た。逃げ去るシカの臭跡や血の匂いを嗅ぎつけると、犬はある方向に駆け出し、来た道を引き返し、同じ場所をぐるぐる回り、空気の匂いを嗅ぎ、地面を嗅ぎ、地表を舐めて匂いの源を絞り込もうとする。匂いの元を見つけ出そうとするわたしの飼い犬の目的意識の強さは、科学的研究によっても裏づけられている。ただし、かならずしも常にではない。

たとえば家庭犬についてのある研究は、犬は常に匂いの源につながる正しい方向に向かえるわけではないことを示唆している。犬がもつ匂いを追跡する能力は、どうやら年齢や性質、性別、犬種などと関係があるようだ。では、匂いの追跡能力がもっとも高いのはどの犬なのか？　嗅覚受容体の数を考えれば、おそらく答えはもうおわかりだろう。それは三億個の受容体をもつあのブラッドハウンドである。

別のいくつかの実験は、犬は臭跡を追跡する能力をもっており、職業的な訓練を受けた犬はとくにその能力が高いことを明らかにした。ただしその種の犬たちは、どちらの方向に向かうべきかを伝えるトレーナーからの合図も受け取っている。とはいえ、犬は空気中の匂い分子をとらえ、踏み荒らされた地面に残る足跡やその副産物が放つ地面の匂いを検知して、あるいはその両方が混ざった臭跡を検知して目標物を追うことができる。周辺の匂いを嗅ぎ回ることにより、匂いが薄れかけているのはどちらで、もっとも匂いが強く、その匂いの元に導いてくれそうなのはどちらなのかを知ることができる。

読者は、あの左右別々に動く犬の鼻翼のことを覚えているだろうか？　あの鼻翼のおかげで、犬は同時に別々の方向の匂いを嗅ぐことができ、つまり異なる強さの匂いを別々に追うことによって、古い匂いと新しい匂いを嗅ぎ分けることができるのだ。追跡犬は遠く離れた場所からでも――おそらく一・五キロメートル以上離れた場所からでも――匂いを嗅ぎつけることができる(その匂いが盛りのついたメス犬のものである場合はとくに)。

大活躍

働く犬たちは、今や多くの職業においてなくてはならない存在となっている。たとえば警察機関、軍の作戦行動、捜索救助活動で、また医学・生物医学的な現場や人々を精神的に癒す介護犬としても活躍している。犬は農作物の病害さえも匂いで察知できる。

訓練によって狙った匂いを追跡できるようになる犬の能力は驚くほどで、心温まる短いニュースとしてもたびたび取り上げられている。水中に沈んでいた死後一週間の遺体の在りかを匂いをたどって正確に突き止めた犬の話や、地震や雪崩の被災者の居場所をかすかな匂いを頼りに探し当てた犬の話だ。ほかには、微量の爆発物や小火器、麻薬、さらにはコンピュータを見つけた犬の記事もある。

今日、犬の嗅覚を逆行分析して人のために役立てようとする研究が行われているのは何の不思議もないことだ。あるいはまた、犬を使って人の命を救おうとするさらなる試みがなされていることも。

いま現在も、たとえば犬が人のガン性腫瘍をどのように嗅ぎ当て、ガンの種類に応じたバイオマーカーをどのように識別しているか——ほかの手段によって診断される前に——を解明しようとする研究をはじめとする、数え切れないほど多くの生物医学的な試みが行われている。糖尿病や不安障害に関しては、犬はすでに、患者がその症状を乗り越える手助けをしている。この興味深いテーマについては、第14章でさらに掘り下げる。

第4章

鳥は匂いがわかるのか

かつて、といってもそれほど遠くない昔、研究者の間では嗅覚に関する書物に鳥の章は不要だとされ、冷笑されることとさえあった。鳥は無嗅覚で、匂いがわからないと考えられていた。鳥は視覚と聴覚に頼って生きている、というのが科学界全体の合意だった。

明け方、鳥のさえずりで目を覚ました経験のある人ならみな、さえずることが鳥の生存率や繁殖率を高めるのに重要な役割を果たしていることを疑わないだろう。鳥の鳴き声ほど春の訪れをありありと感じさせるものはない。また、ハヤブサがその鋭い視覚で獲物に狙いを定め、空高くから猛スピードで急降下してくる姿を見たことがある人は——たとえユーチューブの映像だったとしても——鳥にとって視力の良さが非常に重要であることを確信するだろう。

鳥の多くの種がもつ鮮やかな色の羽衣も、彼らのすぐれた視力の証しだと思われる。複雑な歌のやり取りや一風変わったダンスは、なわばりの防御や求愛の儀式において、視覚と聴覚が連携して重要な役割を果たしていることを示している。しかし鳥が生きるために嗅覚を利用していることについては、多くの人々が昔から否定的だった。複数の感覚器官を利用した鳥のコミュニケーション・システムに、嗅覚が関わっているようには見えなかったのだ。それはなぜなのか？

この愚かな間違いの責任の大半は、おそらくある一人の人物にある。その人物とはジョン・ジェームズ・オーデュボン。画家で著名な鳥類学者でもあった彼は一八五一年に亡くなっている。

オーデュボンは一八二〇年代に、アメリカ大陸に多数繁殖するコンドルの一種、ヒメコンドル（学名 Cathartes aura）、あるいはアメリカでは「ノスリ」と呼ばれる鳥が無嗅覚であることを示す、確かな証拠があると主張した。ヒメコンドルが好む狩り場で、豚の死骸を使った実験を行なった彼は、死骸が深いヤブの中に隠されていて目に見えない場合、コンドルは死骸の在りかを見つけられなかったと報告した。ごちそうが隠されている場合、コンドルは例外なくそれを見つけられなかった。一方、死骸が開けた場所に置かれているときはそれをめざして急降下してきた。というわけで、ヒメコンドルは視覚だけを頼りに狩りをする、と結論づけるのが適切だと思われた。え、本当に？

その当時も、彼の主張は物議を醸した。なにしろ彼の研究結果が公表されるまでは、コンドルは死の匂いや死骸が腐敗する際の嫌な匂いに誘われてやってくる腐肉食動物だと一般に考えられていたのだから。すぐに、ほかの科学者らがオーデュボンの結論に疑問を呈し、独自の検証実験を行なった。ある独創的な実験では、真っ赤な絵の具でキャンバスに描かれた血まみれの羊の死骸と血糊の絵が、コンドルからよく見える場所に設置された。するとコンドルはおもしろいほどその絵に固執し、絵をずっと突きつづけた挙げ句に疲れ果ててしまった。すぐそばに臓物を隠しておいてもコンドルはやはり絵に直行し、どうやら彼らは、嗅覚ではなく視覚を頼りに獲物を見つけているようだった。

米国のチャールストンに住むルーテル派の牧師で博物学者でもあるジョン・バックマンが行

なったこの実験は、オーデュボンの実験結果を裏書きするものだと考えられた。この二つの実験結果によって、科学の世界では鳥は無嗅覚で視覚だけを頼りに獲物を襲撃すると信じられるようになり、結果的に鳥の嗅覚についての研究は行われなくなった。オーデュボンの結論に本気で意義を唱える鳥類学者が現れて、鳥の嗅覚に関する研究が再びはじまったのは、それから一世紀以上あとのことだった。

常識を覆す発見

オーデュボンの実験にはじめて本気で疑問を呈した研究者の一人は、アメリカのジョンズ・ホプキンス大学の鳥類学者、ベッツィ・バングである。彼女は一九六〇年代にはじめた先駆的研究で、鳥の嗅覚についてのそれまでの常識を覆した。バングは、ヒメコンドルを含む一〇〇羽以上の鳥の脳を調べて嗅球の大きさを測定した。その結果、鳥には十分発達した大きな嗅脳があり、そのことは、鳥の生活に嗅覚が重要な役割を果たしていると明確に示すものである、とバングが結論づけたという事実をオーデュボンが知ったら、きっと困惑したことだろう。とはいえ、ヒメコンドルが昼食の在りかを本当に鼻で嗅ぎ当てていることを示す確たる証拠を別の研究者が見出したのは、それからさらに二〇年が過ぎてからだった。

鳥類学者のデイヴィッド・ヒューストンは、オーデュボンやその他の研究者たちが重大な見落としをしていたことを示す、最初の証拠を示した人物だと思われる。一九八〇年代にパナマのバロ・コロラド島で行なった実験で、ヒューストンは、ヒメコンドルが死肉を漁りにくることで知られている場所に、隠した状態と、丸見えの状態の二通りの方法で鳥の死骸を置いてみた。ヒメコンドルは、密林に隠された死骸さえも見つけることができたが、彼らは明らかに腐敗がはじまったばかりの死骸を好んだ。ヒメコンドルが好む、ほどよい腐敗と分解の程度があったのだ。新しすぎず、腐りすぎてもいない、理想的なのは死後一日ほどの死骸だった。

ヒメコンドルはたしかに死肉を好むが、新しい死肉に限る、とヒューストンは報告した。オーデュボンの実験に使用された豚の死骸は、異臭を放っていた。ヒメコンドルは死骸が間違いなく「賞味期限」を過ぎていることに気づいて、無視することにしたのだ。オーデュボンが無嗅覚の証拠だと考えた行動は、ヒメコンドルが食にうるさく、その鋭い嗅覚が選んだ美味しいごちそうしか狙わないことを示していたに過ぎなかった。

やがて、先進的な実験装置とすぐれた解剖技術のおかげもあって、ヒメコンドルはコンドルのほかの種よりも鋭敏な嗅覚をもっていることが明らかになった。ヒメコンドルはかなり大きな鼻腔と、クロコンドル（学名 Coragyps atratus）の嗅球の四倍の大きさの嗅球をもっている。そして彼らの嗅球には、匂いの情報を脳に伝える働きをする僧帽細胞が、ほかの種の二倍の量存在していた。ただし脳そのものの大きさは、クロコンドルの脳より二〇パーセント小さかった。総合的に考えて、ヒメコンドルは間違いなくすぐれた嗅覚をもち、死骸が放出する揮発性の臭気物質を嗅ぎ取る能力が高いとわかった。しかし彼らがなぜ羊の死骸の絵を攻撃しようとしたのかは、今も謎のままである。

海のコンドル？

海の上でも、また別の鳥が忙しく餌を漁っている。アホウドリは、嫌悪感よりむしろ畏怖の念を抱かせる海鳥だ。翼幅が平均で三メートルを超える大きな翼をもつアホウドリは、空高く舞い上がり、大海原の上を滑空して驚くほど遠くまで行くことができる。陸に降りずに何年も飛びつづけることもある。アホウドリがほかの鳥とちがっているのは翼幅だけではない。陸を拠点とするヒメコンドル同様、アホウドリもまたよく発達した嗅覚をもっているのだ。

アホウドリはミズナギドリ（学名 Procellariiform）という名でも知られる鳥である（ウミツバメとかハサミアジサシとも呼ばれる）。この驚異の長距離飛行を成し遂げる鳥を、バングは嗅覚が鋭い鳥の上位一二種の一つに挙げている。アホウドリの鼻孔はくちばし上部の両端にやや突き出すように位置しており、それが彼らの嗅覚の鋭さの理由の一つだ。もう一つの理由は嗅球が大きいことである。しかし、漁師たちを追っていくアホウドリが、船だけでなく匂いをも追っていることを、いったいどうすれば本当に確かめられるのか？

それを確かめてくれたとくに感謝すべき一人の偉大な科学者がいる。鳥の嗅覚や知覚システムを専門とするアメリカの生態学者、ガブリエル・ネヴィットである。一九九〇年代に、ネヴィットはアホウドリの嗅覚に関するいくつもの研究を海上で行なっていた。しかしある遠征旅行中に船上で不運な怪我を負った彼女は、別の船で遠征旅行中だった一人の研究者との幸運な出会いに恵まれ、それが海上での先駆的な実験につながった。彼女が偶然出会った科学者は、海表に生息する微小な植物プランクトンが放出するガス、ジメチルサルファイド（DMS）の調査を行なっていた。

ネヴィットは、この植物プランクトンをオキアミが食べること、そしてその際にDMSが大気中に放出されることを知っていた。彼女はまた、オキアミがアホウドリの好物であることも知っていた。それらの事実から推測して、ネヴィットは、アホウドリを餌へと引き寄せているのがこのガスなのかどうかを、実験によって確かめることにした。彼女が自身の仮説を検証する実験を行なった結果、アホウドリが海上を滑空中、背後でDMSが放出された場合は引き返すが、放出されたのが対照実験用の物質である場合は、引き返さないことがわかった。DMSは、間違いなくアホウドリを餌へと導く手助けをしていた。

アホウドリの鋭い嗅覚が餌探しに役立っているのだとしたら、渡り鳥が故郷に戻る道を探し当てられるのも、その嗅覚のおかげなのだろうか？　時とともに変化する匂いが、海上での信頼できる道標になるとは考えにくい――風が匂いを運び去って方向を変え、荒れた海が匂いを撹拌し、嵐が匂いを消し飛ばすだろう。ではほかの何を頼りに、海鳥は特徴のない単調な海の上をめざす方向に進めるのか？　外海に出れば、陸標はどこにもないというのに。

海鳥は、人が思い描く地図とはまるでちがう地図を、じつはもっているのだろうか？　鳥は巣から飛び立つときに、それまで棲んでいた戻るべき場所についての、匂いの飛行用地図を記憶に刷り込んでいるのだろうか？　サケが水の匂いを覚えているのと同じように（第5章参照）？　それ以外に、海の上で鳥を導くどのような指標があるのか？　これは、科学の世界でもまだ完全には解明されていない謎である。

何が鳥を導いているのか

地球の磁場が彼らを導いているのだろうか？　ある種の鳥はたしかに磁場を手がかりに進む方向を決めているが、いくつかの研究から、ミズナギドリ目の鳥は少なくとも磁場だけに頼っているわけではないことがわかっている。磁場への知覚が阻害された（たとえば鳥の頭の上に磁気装置を取り付けるなどして）アホウドリは、陸標や天体など、目に見える指標さえない状態でも生まれた場所に帰り着くことができる。つまり磁場は正解ではない。

こうして科学の世界では、アホウドリが進路を知る際には嗅覚が大きな役割を果たしており、そのおかげでアホウドリは生まれた場所に帰れる、と再び考えられるようになった。アホウドリ同様、ミズナギドリ目に属するハサミアジサシについての研究からは、鳥を移動させた場合、もっともスムーズに元いた場所に戻れるのは、嗅覚が損ねられていない場合であることがわかった。アホウドリは方向を示すある種の指標として匂いを記憶しており、記憶している匂いの方向に向かって進むのかもしれない。しかし彼らがたどっているのはたった一つの匂いではないだろう。空を飛んでいるときに感知するいくつもの匂いと、それらが立ち上ってくる強さのちがいをもとに、自分が今どこに居てどこに向かうべきなのかを判断しているにちがいない。

初期の実験の多くでは、ある種の知覚の剥奪——たいていは一時的な——が行われていた。それ以外の、ハサミアジサシが飛んだルートを解析する手法を用いたより低侵襲の研究からは、鳥が営巣場所に戻るルートを探す際にたしかに嗅覚的手がかりに頼っていることを示唆する結果が得られた。

もしかすると、これらの鳥は、陸標の不足を補うために、海の上を行ったり来たりして海の匂いの地図を描き出し、それを頼りに海から立ち上る匂いの移ろいをたどって、次の夕飯を見つけられるのかもしれない。あるいは営巣地へ戻れるのかもしれない。営巣地で行われたその他の実験から、アホウドリは生存のために複数の知覚系——視覚と嗅覚——に頼っていることもわかっている。鳥が匂いを手がかりに食べ物を探していることを示す証拠はたくさんあるが、渡り鳥が嗅覚だけを頼りに生まれた場所に戻っていることを示す確定的な証拠は今のところなさそうだ。

しかしハトに関しては、いくつかの説得力のある研究結果がある。

元祖ホームバード

家を出たがらない人のことを「home bird《ホームバード》」と呼ぶ。コリンズ・オンライン辞書によると、「home bird」は、家から離れたがらず、また遠く離れた場所からでも家に帰る道を見つけられる、すぐれた能力を生まれもつhoming pigeon（伝書バト）をヒントに生まれた言葉である。伝書バトは家に帰るが、移動はしない。一方渡り鳥にとっては、冬の間の棲みかと、繁殖期に暮らすお気に入りの営巣地を行き来することは生存の必須条件だ。ハトに遠距離移動させているのはわたしたち人間で、それは人の利益のためなのである。

ときには、ハトの奇妙な帰巣本能が、ただの楽しみのために人に利用されることがある。イギリスや、ドイツの一部の地域では、第二次世界大戦後に労働者階級の間で流行《はや》ったときほどではないものの、人々は今でもハトレースに熱中している。また、一八九八年にイギリスで創刊された雑誌『Racing Pigeon（レースバト）』や一八八三年創刊の『Die Brieftaube（伝書バト）』は、どちらも現在も刊行されつづけている。クイーン・エリザベス二世が、長年熱心なハト愛好家だったという話もある。

伝書バトの研究について見ていく前に、ハトが人間社会で果たしている多様な役割について考えてみよう。都市の多くでは、ハトは厄介な存在、つまり害獣で、空飛ぶネズミのようなものだとみなされている。しかしハトは、たとえ緊急の場合でも自分の意志で遠くまで飛ぶことはないように見える。

たとえば一六六六年のロンドン大火の際に、サミュエル・ピープス〔17世紀のイギリスの政治家〕が「哀れなハトたち……彼らは家から離れたがらなかった」と記している。このとき、周囲の人間や動物はみな逃げ出していたのだが。また、たった一羽のハトが、ある日自宅の外にやってきたがために、ヨナタン・ノエルは実存的危機に見舞われた（ノエルとは、ドイツの作家パトリック・ジュースキントの小品『*The Pigeon*（鳩）』の登場人物で、この作品はハトの影響力をみごとに表現している）。

伝書バトは知的能力が高い。なんせ彼らは、ミラーテストに合格した数少ない動物の一つなのだ（その他の合格者はサルとゾウだ）。この高い知能と帰巣本能を併せもつ彼らは、非常に役に立つ生き物となった。

ハトは、遅くともローマ帝国の時代から、軍団同士がたがいにメッセージを伝える際の伝令の役目を果たしてきた。ロイター通信は、ハトを使ってドイツのアーヘンとベルギーのブリュッセル間で株価を伝え合う事業を一八五〇年代に開始した。第一次、第二次世界大戦中は、敵陣後方に潜む味方に情報を伝える伝令として——また戦闘機が敵の支配下にある地域で撃墜されたときには、パイロットの所在地を味方に伝える手段として利用された。ハトはかならず味方の軍事基地にある鳩小屋に戻るはずだったから、墜落を生き延びたパイロットは、自分の居場所に関する詳細な情報をハトに装着して放すだけでよかったのだ。第二次世界大戦中に実施されたこのハト作戦の興味深い内容は、ゴードン・コレラの著書『*Operation Columba: The Secret Pigeon Service*（コランバ作戦——ハトが担う秘密の任務）』に詳しい。

（英国）軍部は、伝書バト（学名 *Columba livia*。一般にはカワラバトと呼ばれる）は方向を見定めて飛行する能力が非常に高いと知っていた。ただしそれがなぜなのかは知らなかった。そしてその謎を解き明かす仕事は科学者に委ねられた。この伝書バトが方向を知るために使っていた道具とは？　もちろん嗅覚だ。

わたしたちは今、カワラバトが方向を知るために嗅覚を利用していると知っているが、その知識の大部分はイタリアで生まれた。ピサの高等師範学校を拠点とする科学者フロリアーノ・パピは、動物がもつ方向を知る能力に高い関心を抱いており、とくに伝書バトの帰巣本能に興味があった。彼は「嗅覚による方向認識仮説」を考えだしたことで知られる人物で、つまり彼は伝書バトは匂いを便りに帰路を見つけると考えていた。

パピがこの仮説を公表するまでは、ハトは地球磁場や星空、あるいは太陽の位置を用いてコンパス方位を決めている、という仮説に基づく研究が多数行われていた。鳥類の嗅覚に関する研究が行われることはめったになかった。これもまた、オーデュボンと彼のもっともらしい報告書のせいである。

パピは、ハトを用いた難しい実験もいくつか行なった。ときには、鳥の嗅覚を破壊するために嗅神経を切断することもあった。嗅覚を失ったハトたちは、まったく巣に戻ることができなかったり、嗅覚が損なわれていないものに比べて巣に戻るのに時間がかかったりした。パピの実験はそれだけに留まらなかった。彼はさらに、ハトの嗅覚と帰巣本能の関係を探るための、独創的な実験を次々と実施した。

彼の実験結果はどれも、ハトは巣に戻るとき嗅覚に大きく頼っている、ということを示唆していると思われた。ハトは巣箱に戻ると、飛行中に風に運ばれてきた匂いと、その風が吹いてきた方向を結び合わせて匂いの地図を作るのだろう、とパピは考えた。そして放たれたあと、この匂いの地図を使って巣に帰るのだと。パピの実験はサンプルサイズもサンプル幅も申し分のないものだったが、それでも科学者のなかには、ハトが匂いを主な手がかりとして飛行の方向を定めているという彼の仮説を、疑問視する人たちがいた。おそらくハトは、器具の挿入をともなう外科的処置による心的外傷を負っていただけだろう、と彼らは主張した。

その後の近代的技術と、器具の挿入をともなわない処置法の発達によって、現代の科学者たちは実験時のハトの知覚をより信頼性の高い状態に保てるようになった。ＧＰＳ／ＧＭＳ追跡装置を利用することで、鳥の飛行経路をより正確に追えるようになり、硫酸亜鉛による処置は、鳥を一時的に——そしてより人道的なやり方で——嗅覚消失状態にすることを可能にした。

こうした技術と処置法を用いて、三つのグループのハトについてのある比較研究が行われた。第一グループのハトは、実験期間中ずっとすべての知覚が正常な状態に保たれた。第二グループは、放鳥場所で放鳥直前に一時的な嗅覚消失状態にされたが、放鳥場所まで移送されるときは空気の匂いを嗅ぐことができた。第三グループのハトは、放鳥のためにほかのグループのハトと同じ放鳥場所に移送される前に、すでに一時的な嗅覚消失状態にされていた。

ハサミアジサシの実験同様、この実験でも、放鳥場所へと移送される前に嗅覚消失状態となった第三のグループのハトが、帰巣飛行にもっとも支障をきたしたことが明らかになった。彼らもなんとか巣に帰り着いたが、放鳥後、ほかのグループのハトに比べて方向感覚を失くしているように見え、最初は間違った方向へ向かった。また巣へ戻る途中で休息を取る回数も多く、おそらく自分がいる場所を確認するためだと思われた。また彼らは、ほかのグループのハトよりも遠回りの、より長い経路で巣に戻った。この追跡調査から、ハトの帰巣能力は、巣箱と旅の途中の両方において、周囲の匂いを嗅ぎ取ることによって高まることを示す明確な証拠が得られた。嗅覚が、ハトが方向を知るための唯一のツールだとは言わないが、一つのツールであることは間違いない。

鳥は食べ物や巣への帰り道を見つけるために嗅覚を利用している。ではパートナー探しについてはどうだろう？

繁殖期

適切なパートナー選びが、その個体の繁殖の成否を決める。とくに片方が巣に留まってひなの世話をしたり卵を抱いたりしているあいだに、もう片方が食べ物探しにはるか彼方まで（はるか彼方とは、数週間から数ヵ月かけて一度に何千キロメートルも移動することを指す）旅する必要がある場所では、進化の過程で一夫一婦制となった鳥類もいる。ペンギンはその一例だ。単一形（大きさ、外見ともに雌雄の差がほとんどない）で一夫一婦制、似たような姿の鳥が何千羽も集まってコロニーを形成しているペンギンは、どのようにしてパートナーを選び、どのようにして迷わずに自分のパートナーとひなの元に戻っているのか？

数が多すぎる場合、視覚的な情報は役に立たないから、ペンギンが聴覚的情報を手がかりにコロニー内にいる自分のパートナーを見つけ出しているのは間違いない。このことはいくつもの研究から明らかになっており、とくによく知られているのは、騒がしい環境における動物の声によるコミュニケーション研究のスペシャリストであり、フランス国立科学研究センター（CNRS）の上級研究員でもあるティエリー・オーバンによるものだ。とはいえ、嗅覚も何らかの役割を果たしていると思われる。

シカゴのブルックフィールド動物園のフンボルトペンギンについてのある研究は、ペンギンが匂いで近親を見分けていることを明らかにした。おそらくこれは近親交配を防ぐためのしくみであり、同時にコロニー内の同じ巣で暮らす仲間を見つける方法でもあると考えられた。この研究では、ペンギンに同じコロニー内の別のペンギンの尾脂腺から採取した匂いを嗅がせてその行動を記録した。動物園はそれぞれのペンギンが近親関係にあるかどうかを把握していたから、近親であるかどうかが匂いに対するペンギンの反応を左右するかどうかを見極めることができた。

興味深いことに、パートナーがいるペンギンは、パートナーの匂いやそれに似た匂いを嗅ぎ取るとその場により長くとどまるが、それが馴染みのない匂いだった場合は長居しなかった。逆に、パートナーのいないペンギンは、馴染みのない匂い、つまり近親から採取したものではない匂いがする場所により長くとどまった。この行動から、どうやらペンギンは、適切なパートナーへと導いてくれそうな匂いには興味をもち、近い親戚の匂いには興味をもたないようだとわかった。

近親を見分ける

近親を見分け、近親交配を避けるために嗅覚的情報を利用しているのはペンギンだけではない。学習によって身につけた発声法でコミュニケーションを取ることで知られる鳴鳥、キンカチョウも、どうやら匂いで近親を見分けていることがいくつかの研究からわかっている。ビーレフェルト大学の行動生態学教授、バーバラ・A・キャスパースは、この分野の第一人者として詳細な研究を行なっている。彼女のある研究からは、キンカチョウが匂いだけで近親を見分けられることを示唆する結果が得られた。

その研究では、巣立ったばかりのキンカチョウのひな鳥を、別の巣で孵《かえ》ったばかりのひなたちの中に入れる。そしてその後二〇日から二三日ほどおいて、そのひな鳥にある課題をあたえた。二種類の匂いの標本からどちらかを選ばせたのだ。片方の匂いの標本は、このひな鳥の生物学的な両親のもの、もう一方は「里親」のものだ。するとキンカチョウは、例外なく育ちより生まれを選んだ。実験を行なったキャスパースの研究チームは、鳴鳥は匂いの化学信号を近親交配を回避するために、そして近親を見つけるためにも利用しているのだろうと結論づけた。

より最近の研究は、生みの両親の匂いが、胎発生の初期にキンカチョウの記憶に刷り込まれることを示唆している。たとえ卵の状態で里子に出され、つまりそのひなが孵化する瞬間も生みの両親と接触していなくても、キンカチョウは生みの両親（とくに母親）の匂いを識別することができ、その匂いを里親の匂いよりも好んだ。研究者らは、近親であることを知らせるこの隠しれない匂いを、ひなは胚発生の時期に吸収するのではないか、多孔性の卵の殻が両親の匂いを通過させキンカチョウの記憶に染みついたのではないか、と考えた。とくに母親の匂いのほうがより強い影響力をもっているようだった。

これについては、この研究に関わった研究者らも考えはしたが、深く追求しなかったもう一つの可能性がある。それは、生まれた巣穴に染み込んでいる親鳥の尾脂腺からの分泌物の匂いもまた、ひな鳥が近親を見分ける際の決め手の一つなのではないか、ということだ。

羽づくろいと交配の儀式

鳥が羽づくろいをするのは、羽を清潔に保ってうまく飛べるようにするためだ、と言われているがこれには十分な裏づけがある。尾腺、正式には尾脂腺と呼ばれる皮脂腺は鳥の尾羽の根元にあって、鳥が羽をきれいにしたり防水を施したりするために必要とする脂《あぶら》を分泌している。いわば尾脂腺は、その鳥専用の、私的な、そしてどうやら無尽蔵と思われるヘアオイルの供給源なのだ。

研究から、鳥の多くの種について、尾脂腺から分泌されるこの脂には、いくつかの匂いが混じり合った独特の匂いがあることがわかっている。その匂いは、鳥のマイクロバイオーム、すなわち鳥の身体に棲みついた菌類や細菌類（バクテリア）によって変化するということも。

北米でよく見られる鳴鳥、ユキヒメドリを用いた実験から、鳥の尾脂腺内に棲む細菌が、個々の鳥の匂い分子の形成に重要な役割を果たしている可能性が示唆された。研究チームは、鳥のマイクロバイオームは、鳥の個体の匂いと、その匂いが誘発する別の個体の行動の両方に影響すると考えている。

実験では、尾脂腺のバクテリアの標本を採取後、尾脂腺に抗生物質が注射された。抗生物質を注射する前後の尾脂腺の脂を比較したところ、抗生物質による処置後、脂の匂いは明らかに変化し、それがバクテリアが失われたことによるものであることも間違いなかった。そしてこの失われたバクテリアが、鳴鳥の生殖の成否に影響をあたえるのではないかと思われた。属名のジュンコという名でも呼ばれるユキヒメドリは、進化の過程で同じ地域に棲む仲間としか交配しなくなったことがわかっている。都市に棲む鳴鳥はもはや森林地に棲む同種の鳴鳥とは交配しない。研究チームは、匂いを元にしてパートナー選びが行われている可能性があると主張する。なぜなら、都市の鳴鳥は田舎の縁戚の匂いを好ましく感じていないように見えるからだ。

ある種の鳥では、タンジェリンのような甘い香りが適切なパートナーを引き寄せている。明るいオレンジのくちばしと小さな頭を飾る素敵な黒い羽をもつエトロフウミスズメ（学名 Aethia cristatella）は、一見愉快で可愛いパンクペンギンのようだが、じつはウミスズメ科に属している。彼らは北太平洋のひと気のない岩礁の島に棲み、ペンギンと同じように強い匂いを放つ騒々しいコロニーで暮らし、大海原を渡って遠くまで食べ物を探しにいく。けれども一つ、ペンギンとはちがう点がある。彼らは繁殖期になるとタンジェリンのような柑橘系の匂いを発するのだ。それはなぜなのか？

この柑橘系の匂いがウミスズメの身体のどこから出ているかは、すでに突き止められており、それは首の後ろや首すじの羽が密集している部分である。そこはウミスズメが交配の儀式の最中にたがいにすり寄せ合う部分で、その行為は鳥類研究の世界では「えり羽嗅ぎ」と呼ばれている。

この行為が匂いを発生させると考えられており、その匂いの主成分はアルデヒドである。そのうえ、まだおまけがある。

この匂いにはおそらく虫除け機能が備わっていて、マダニや寄生虫がうようよいるなわばりではそれは重要な意味をもっている。そのような環境では、もっとも匂いのきつい個体がもっとも健康である可能性が高く、だから未来のパートナーを引き寄せるのだ。匂いのきつい個体の身体にはおそらくマダニはおらず、交配の儀式のあいだじゅう同じ場所で過ごすことによって、また、営巣場所に寄生虫を持ち込まないという意味でも、パートナーとなるものをより以上に虫たちから守ることができるのだ。合成したアルデヒドの混合液で匂いをつけた模型の鳥を使った実験から、ウミスズメはもっとも匂いの強い模型に引き寄せられることがわかっており、これもまた、鳥は匂いがわからないという、長年信じられてきた説の間違いを明らかにするのに役立った。

遺伝子に組み込まれている

多くの科学者が鳥の嗅覚について、どちらかというと表層的な研究をしてきたなかで、マックスプランク鳥類研究所（ＭＰＩＯ）のシルケ・シュタイガーはまったく異なる研究手法を用いた。彼女は鳥の嗅覚受容体（ＯＲ）遺伝子に注目する研究を行なった。ゲノムにコードされていることの遺伝子の数は、ある動物が異なるいくつの匂いを検知・識別できるかを示している可能性が高い。少なくとも大まかな指標にはなると思われる。

ＭＰＩＯの研究チームが九種類の鳥のＯＲ遺伝子の数を比較したところ、ＯＲ遺伝子の大部分はおそらく機能遺伝子だが、種によってＯＲ遺伝子の数にかなりの差があることがわかった。そして興味深いことに、ＯＲ遺伝子の数の多さは、脳の嗅球の相対的な大きさと関係があることがわかった。たとえば、鳥類のなかで、身体の大きさに比して二番目に大きな嗅球をもつキーウィは、ＯＲ遺伝子の数も多かった。この鳥のなわばりとライフスタイルを考えればそれもうなずける。研究チームは、哺乳類のＯＲ遺伝子数が進化の過程で変化してきたのと同じように、キーウィの生態学的背景が、彼らのＯＲ遺伝子のレパートリー・サイズを決定したと考えている。

地上に棲むこの夜行性の鳥は、長いくちばしの先に鼻孔をもっていて、それは星空の下で食べ物を求めて地面を探るのに欠かせないものであることがわかっている。キーウィは、鳥類についてこれまで記録されている中でもっとも狭い視野をもつ鳥の一種であり、その不足を補うために嗅覚が発達したことは当然の成りゆきだと思われる。キーウィが、夜間に地表に出てくるミミズや昆虫の幼虫、その他の無脊椎動物を求めて森の地面を探っているときの、鼻をフンフン言わせるにぎやかな音は、彼らが目に見えるものではなく匂いを頼りに食糧を探していることの証拠である。またキーウィのくちばしには触覚があるとも考えられている。彼らはくちばしを魔法の杖のように空中で振り回すのが好きで、その間ずっとクンクンとうるさく鼻を鳴らしている。

鳥と人間

キーウィ、ウミスズメ、キンカチョウ、ユキヒメドリ、ペンギン、ハト——彼らはみな、鳥は匂いがわからないというオーデュボンの主張をくつがえす生き証人たちだ。しかし、それが人にとってどんな意味をもつのか？

ヒメコンドルを例に取ろう。ヒメコンドルなど、われわれ人間には関係ないとあなたは思うかもしれないが、彼らはこの地球の生態系の中で重要な役割を果たしている。腐肉食動物である彼らとその（人から見ると）不快な習慣は、ほかの動物の間に病気を蔓延させる微生物や病原菌が広まるのを防ぐ働きをしており、人はそのおかげでたちの悪い病気に感染せずにすんでいる。

病原菌の伝染は、この必要不可欠な腐肉食動物——生きた獲物は仕留めず、腐肉を食らう——コンドルによって食い止められる。コンドルがいつものなわばりから姿を消すと、微生物や病原菌はより自由に広まるように見える。たとえばインドでは、一九九〇年代に起きたハゲワシの個体数の大幅な減少によって、人の間に狂犬病が流行った。ハゲワシの数と狂犬病にどんな関係があるのか？

まず言っておきたいのは、大幅な、というのは誇張ではないということだ——ハゲワシの数は九〇パーセント減った。調査の結果、非ステロイド系の抗炎症薬ジクロフェナクの家畜への使用が、インド亜大陸〔インド、パキスタン、バングラデシュを含む大陸より小さな地域〕のハゲワシに致命傷をあたえたことがわかった。ジクロフェナクを投与された牛の死肉を食べたハゲワシが死んでいった。ハゲワシが死に絶えたせいで、食べられずに腐っていく死骸がどんどん増えて、飲み水を汚染した。ハゲワシに代わって野犬が死肉に群がり頭数を増やしたが、しかし犬はハゲワシほど死骸処理に長けていなかった。ハゲワシは死骸を根こそぎ平らげたが、イヌはまずい部分を残し、そこには大量の微生物が付着していて、それは環境にとってよくないことだったのだ。犬はまた、狂犬病やその他の病気を拾って人に感染させた。

ジクロフェナクがハゲワシの個体数を減少させたという疑いようのない発見を受けて、インド政府が動いた。ハゲワシに害を及ぼさない別の薬剤が探し出され、ジクロフェナクの家畜への投与が全国的に禁じられた。皮肉なことに、多くの事例で、薬剤は良かれと思って家畜にあたえられていた。ヒンズー教では牛は神聖な生き物とされ、屠殺は禁じられている。死にゆく家畜の最後の日々をより安楽にするため、苦痛を和らげる目的で薬が投与されていたのだ。今ではハゲワシの個体数は再び増えはじめているが、まだ危機は去っていないように見える。似たような薬が今も使われているからだ。

バランスを崩す

この話は、社会の一画で下された決断とそれにともなう行動が、自然界の別の場所のバランスを崩しうることを如実に物語っている。しかしまた、そのバランスを回復させる解決策があることもはっきりと示されている。ハゲワシは見た目はきれいではなく、テーブルマナーもひどいものかもしれないが、少なくとも生態系においてある種のバランスを保つ役割は果たしている。そしてそのためには彼らの鋭い嗅覚が必要なのだ。

一方、人間の行動が鋭敏な嗅覚をもつ鳥類にもたらした別の問題に関しては、今はまだ解決の兆しさえ感じられない。あの美しいアホウドリが誇るDMSの匂いへの敏感性は、プラスチックによる環境汚染が進む一方の世界においては、むしろ不都合なものとなっている。

プラスチックは海中に長期間漂いつづけると――おそらくほんの数週間で――DMSの匂いを吸収し内部に溜め込んでしまうと考えられている。匂いを発するこのプラスチックは、餌探しにやってきた海鳥を引き寄せ、オキアミではなく死にいたる食事を取れと誘う。理想を言えば、この発見を期に、海に流れ着いても匂いを吸収しない素材の研究開発が進むべきだろう。もっといいのは海洋ゴミをそもそも減らすことで、それは第1章で述べた通りだ。

わたしたちは、海鳥にもハゲワシにも等しく敬意を払うべきだ。彼らはその鋭い嗅覚で、それそれの生態系において進化上の利点を得てきた。しかしわたしたち人間の干渉によって、その利点が、一転して彼ら自身に不利益をもたらすものに変わってしまうことがあるのだ。

第5章

魚と嗅覚

地球上に棲むもっとも奇妙な生物のいくつかは海や川、水路にいる。水中には我が身を犠牲にしてパートナーに寄生する者や、吸盤のような口で宿主の血液を吸い尽くす吸血鬼のような捕食者、そしてすぐれた帰巣本能をもつ大人しい生物やコワモテの生物がいる。

これらの生物は、まったく異なる進化の過程をたどってきたが、みなそれぞれの環境で生き延びるために鋭い嗅覚を利用している。

人は、揮発性の匂い分子が鼻孔から流れ込んできてはじめて匂いを感じることができる。鼻腔内に入った匂い分子は、嗅覚受容体の表面を覆っている水分、つまり鼻汁に溶け込み、それを感知した嗅覚受容体が神経信号を発生させる。鼻の中の湿り気が人が匂いを嗅ぐのに役立っているのなら、匂いを嗅ぐには湿った環境が望ましいはずだ。しかし人が水中で匂いを嗅ごうとしたら、海の匂いを楽しむどころか、すぐに空気を求めて咳き込むことになる。人が匂いを嗅ぐときには、呼吸のため肺に空気を吸い込んでしまうからだ。人は、その二つを別々に行うことはできない。水中で匂いを嗅ごうとすれば、肺に水が溜まってたちまち命を失ってしまうだろう。

両生類は、この二つの機能をはっきり区別して働かせることができる。人の祖先が進化の過程で陸生になったとき、空気中の匂いだけを感じ取れるように鼻に微調整が加えられた。しかしカエルやガマガエル、その他の両生類の鼻は、人とはちがって空中に出る部分と水中に浸かっている部分の二つに分かれている。つまり彼らは、その片方を使って空気中の匂いを嗅ぎ、水中ではそちらを閉じて、もう片方で溺《おぼ》れることなく水の中の匂いを嗅ぐことができるのだ。空中用の鼻には、揮発性の匂い物質を感じ取る嗅覚受容体が発現し、水中用の鼻には、水性の匂い分子だけに反応する嗅細胞がある。

とはいえ、すべての哺乳類が、水に飛び込んで匂いを嗅ぐときに溺れる危険を冒さねばならないわけではない。半水生の哺乳類でほとんど目が見えないホシバナモグラは、水中でも水を肺に吸い込むことなく匂いを嗅ぐことができる。この生き物はこの上なく奇妙な鼻をもっている。鼻から二二本のピンク色の触手が伸びている様子は、まさに星のようだ。地上では鋭い触覚をもつこの鼻は、水中では嗅覚器に変化する。モグラは鼻孔から細かい気泡を吐き出すと、電光石火のスピードで、その同じ気泡を、それが途中で捉えたあらゆる匂い分子と一緒に吸い込んでしまう。高速のビデオ撮影を用いた実験から、ホシバナモグラはこの方法で獲物を嗅ぎ当てることがわかっている。トガリネズミやカワウソのなかにも同様の手法を使うものがいるようだが、確証を得るにはもう少し調査が必要だ。

ホシバナモグラは、一度に数秒間しか水中に留まれない。では、水中でもっと長時間過ごす生物の場合はどうなのだろう？　彼らはどんなふうにして水中で生きられるようになり、匂いを嗅げるようになったのか？　彼らはどのように匂いを嗅ぐのだろう？

腕のいい漁師ならみんな知っているように、魚は水中のはるか遠くの匂いも嗅ぎつけることができる。しかし水中には驚くほど多様な生物が存在しており、それらすべてが同じ解剖学的構造の嗅覚をもっているわけではない。

魚の嗅覚の解剖学的構造

魚の多くの種は繊毛——嗅覚受容体の先端にある微細な毛のような構造体——が並ぶ鼻孔、つまり鼻の穴をもっている。この繊毛をもつ嗅細胞は、脳と直接つながって警報機のような働きをしている嗅覚器上に分布し、電気的痙攣とともに生存のために不可欠な情報を脳に伝える。魚は幼生であっても匂いを検知できる。生後四日のゼブラフィッシュの幼生は、運動性の、つまり動く繊毛をもっている。しかしこの繊毛はでたらめに動くわけではないように見える。繊毛はリズミカルな拍子に合わせて震え、やがて微細なタービンと化す。このタービンには、嗅上皮の上を匂い分子が流れるスピードを早め、分子の入れ替わりを加速させる効果がある。魚の嗅覚をより鋭敏にし、匂いの情報を検知して処理する能力を高める働きもしていて、とくに淀んだ水の中で役立つと思われる。

では、この鋭い嗅覚系を魚は生きるためにどのように使っているのか？

魚はフェロモンでどんなふうにコミュニケーションをとるのか

魚の嗅覚についての最近の研究から、魚の嗅上皮と脳を結ぶ、並行した、別個の三つの神経経路があることが確認できた。各神経経路は匂いに反応して、生存に必要な行動を誘発する特殊な情報を（脳に）伝達する。一つ目の神経経路は社会的行動を誘発する信号（捕食者の接近についての警告を含む）を運び、二つ目は性ホルモン、三つ目は食物の匂いを伝える。

もっとも頻繁に研究されている魚類の一つであるキンギョは、同種の仲間にある種の行動をうながすホルモンや代謝物質を放出する。そしてこれまでに、何らかの機能をもっていると思われる五つのホルモン産物が確認されている。一〇〇種類をゆうに上回る数の魚の嗅上皮についての電気生理学的記録から、そのほとんどがホルモン産物を検知していることが明らかになったが、検知したその匂いを魚がどのように利用しているかは、まだ完全に解明されていない。匂いはたしかに繁殖行動を調節しているように見える。その証拠に、排卵後のメスのキンギョのフェロモンの匂いを嗅いだオスのキンギョは、自動的に魚精の量（精子の放出量）を増やす。おもしろいことに、彼らは付近にいるオスのライバルたちが発するある種の化学信号を検知したときも同様の反応を示す。どうやらキンギョの場合、適者生存は精子の量についての熾烈な争いによって決まるようだ。ではもっと深い場所では何が起きているのか？

自分を犠牲にする寄生魚

深い海に潜ると、最初は地球のデッドゾーンに来たように思えるかもしれないが、じつはまったくそうではない。

海面下一〇〇〇メートル付近までのトワイライト・ゾーンという名でも知られる中深層や、ミッドナイト・ゾーンとも呼ばれる漸深層には、何百種類もの驚くほど多様な深海生物が棲んでいて、アンコウもその一種である。チョウチンアンコウは、深海の薄気味悪い泳ぎ手だ。猟奇的とさえ言える外見をしたこの魚は、海底に巣食う悪漢のようだ。なかでもメスは最高に恐ろしげだ。たいていの場合、メスはオスよりずっと大きく、多くの個体は頭の上に暗闇でも光る「提《ちょう》灯《ちん》」のようなものをくっつけている。

この生物発光器は、太陽光が届かない深海で、まるで光る生き餌のような動きをして、この見た目どおりの名をもつ魚の針状に並ぶ歯の内側に、獲物を誘い込んでいる。

自分よりはるかに大きい獲物さえ捕らえられるほど大きな口の中に獲物を誘い入れたら最後、メスの歯は死刑囚監房の鉄柵と化す。そしてメスのよく伸びる胃は、入ってくるどんな獲物も受け入れられるように大きく広がる。深海では美味しいごちそうがいつ通りかかるか予想がつかない。だから通りかかったときには、それがどんなに大きくてもそのごちそうの気を引き、誘い、しっかりと捕まえる必要があるのだ。

深海のメスのアンコウが、過酷な環境を生き延びられるように進化してきたのは明らかだ。ではオスはどうか？　アンコウという種は極度の性的二型〔性別によって個体の形質が異なっていること〕で、信号伝達や感覚系についてはとくにそうだ。外見的にはメスがオスより大きいが、身体の大きさに比して体内により大きな嗅覚器をもつのはオスのほうだ。おかげでオスは、フェロモンの形跡を検知してメスを追うことができる。

いくつかの研究から、メスはフェロモンを放出しながら潮の流れに乗って漂っていると考えられている。できることなら、メスは深い海でできるだけじっとしているのが望ましい。そのほうが見つけてもらえる可能性が高まるからだ。一方のオスは流れに乗らず、メスのフェロモンが漂う一画を見つけるまで、垂直移動と水平移動を無作為に繰り返して泳ぎつづける。メスの匂いを嗅ぎつけたら、匂いの痕跡を追って今度は水平方向に進んでいく。匂いが薄れかけているのに気づいたら、フェロモンの広がりを再び見つけるまで、無作為にジグザグ移動を行う。まるで捜索救助活動のようだが、これは捜索繁殖活動だ。これほどの深海では、遠く離れた場所から検知できる化学信号を頼りにメスにたどり着いたオスは、そばに来てようやく、その目でメスを見ることができるのだ。

深く暗い深海でパートナーを見つけるのは容易なことではない。だからこそ、小さな身体のアンコウのオスは、匂いでメスを嗅ぎ当てると、その身体に強く噛みついてけっして離すまいとする。少なくとも産卵がはじまるまでは離さない。そしてこの関係は、一生続く寄生的結合となることがある。

深海に棲むアンコウのオスがメスの身体に噛みつくと、二つの身体は徐々に溶け合い——やがて皮膚や血管がつながって一つの循環系となる。メスの産卵までの期間が長くなればなるほど、二つの身体はより分かちがたく溶け合っていく。その間にオスは両目を失い、精巣以外の嗅覚を含む体内のすべての器官が退化していく。オスが果たすべき唯一の機能は、宿主のために精子を製造することだから、精巣だけはまだ必要なのだ。オスはいわば、持ち運べる精子バンクだ。彼は強固な意思をもつ一匹の性的寄生者だが、同じ立場のオスがほかにもいることがよくある。気が多いアンコウのメスでは、最高で一度に六匹のオスを身体につけているものが観察されている。

しかしオスを気の毒に思う必要はない。パートナーを見つけられなかったオスは、いずれにせよおそらく死んでしまうのだから。すでに述べたように、これほどの深海になると餌になる獲物はそれほど多くない。また、オスはすぐれた嗅覚をもつ一方で、消化器官については不十分な点が多い。あまりにも未発達な消化器官しかもたないオスは、メスのパートナーに寄生する形でしか生き延びられないのだ。なんてカップルだ。なんてパラサイトだ。

吸血鬼のような捕食者

ウミヤツメ（学名Petromyzon marinus）は深海の吸血鬼だ。キンギョと同じように、ヤツメウナギの種も、生存のためにフェロモンによるコミュニケーションを行なっている。そしてアンコウのオス同様、ヤツメウナギも寄生的習慣をもっている。ヤツメウナギは、一見ウナギに見えるかもしれない――あなたがその口の形状に気づくまでは。じつは、ヤツメウナギは現存する世界最古の脊椎動物で（彼らのは骨ではなく軟骨ではあるが）、おそらくおよそ三億年前からウナギとはまったく別の進化の過程をたどってきた。

神経生物学的には、ウミヤツメは最初の脊椎動物とされる。非常に原始的な生物であるウミヤツメは顎《あご》をもたず、嚙むことができない。その口はずっと開いたままである。吸盤によく似た口にはカミソリのように尖った歯が何列も並んでいて、その内側にザラザラした鑿《のみ》のような舌が隠されている。口のこの形状は、宿主の身体をえぐって穴を開けるのにぴったりだ。ヤツメウナギは吸血性の生物だ。犠牲者を不意打ちにして捕まえるとその体液や血液を吸い尽くして生きる――多くの場合、宿主は途中で死んでしまう。ヤツメウナギのエラ穴は直接喉《のど》につながっているため、彼らは宿主に取り付いて血を吸いながら、同時に呼吸も続けることができる。

一匹のヤツメウナギが、彼らの好みの宿主である魚を一年間に殺す量は、重量にして最大およよそ一八キロだと推定されている。

ウミヤツメは単鼻腔で、つまり彼らは一回呼吸するたびに、匂いのついた水を一つだけの鼻腔を通して嗅房に吸い込んでは吐き出している。呼吸流量を調節しているのは軟口蓋で、筋肉組織であるこの軟口蓋は、呼吸や採餌の際には収縮して水が喉に流れ込めるようにしている。アンコウのオスがメスの匂いを嗅ぎ取ってあとを追うのとはちがって、ウミヤツメの場合は匂いを分泌するのはオスのほうだ——そしてメスがオスを追いかける。

サケと同じように（サケについてはこのあとに詳しく説明する）、ウミヤツメも産卵のために川を遡上する。行動試験から、排精期のヤツメウナギのオスは、効果的な性ホルモンの役割を果たす胆汁酸を分泌して、排卵期のメスに自身の生殖能力と所在地を伝えていることがわかっている。この性フェロモンは遠く離れた場所まで伝わり、なかには二キロメートル離れた場所でも検知された例があって、メスを望みどおりの場所まで誘導する。

この発見を元に、ヤツメウナギが歓迎されない地域でフェロモンを利用した捕獲実験が行われている。このわなは、ヤツメウナギの産卵に不向きな場所で、生分解性〔物質が微生物などの作用により分解する性質〕のある人造の性フェロモンを放出するしかけである。実験はまだ初期段階だが、偽物の匂いに引き寄せられたメスがオスにたどり着けず迷子になり、通常なら何千個も産卵するはずの卵が産めなくなる、という筋書きだ。カナダのオンタリオ湖などの、この侵略的な種が在来種の個体数を減少させ、漁業団体や生態系に壊滅的な打撃をあたえている地域では、環境にやさしいこの解決策は歓迎されることだろう。この件については第14章でさらに詳しくお話しする。

大人しい帰巣の名手

どんな川であれ、適切な場所さえあれば産卵するヤツメウナギとはちがって、サケはかならず「自分が生まれた」淡水の川を探し当てて卵を産む。視覚的情報と電磁気的信号、そして鋭い嗅覚を総合的に利用して故郷へ帰る道を探し当てると考えられているサケは、とてつもなく高い帰巣能力の持ち主なのだ。

サケは淡水の川で生を享《う》け、そこで数日間、もしくは数年間暮らす。孵化から銀化（海水での暮らしに適応するための生理学的変化の一過程）までの期間は種によって異なるが、サケはこの間に自身の本拠地についての化学的な地図を脳に刷り込み、産卵の時期になるとこの地図を頼りに故郷に戻るとされている。この産卵時期は、彼らがはじめて塩辛い海に下ってきたときから二年〜八年くらい過ぎた頃で、これも種によって異なるが、このとき彼らは故郷から何百キロメートル、あるいは何千キロメートルも離れた場所にいる。言うまでもなく、彼らにとって生まれた川に帰ることは相当な難題なのだ。サケはそれをどのようにやりとげるのか？

科学の世界では、サケは地球の磁場を羅針盤代わりにして生まれた川に帰るのではないか、と考えられている。たしかに地磁気が彼らを誘導しているのかもしれない。サケはまた視覚的な目印も認識できるにちがいない。ひょっとすると時間の流れも追えるのかもしれない。しかし自分が生まれたその川床を探し当てる際には、サケは嗅覚に頼っている。サケの嗅覚がどの程度鋭いのかははっきりわかっていないが――おそらく彼らは1ppm（一〇〇万分の一）の濃度でも、あるいは1ppt（一兆分の一）の濃度でさえも、匂い分子を検知できるだろう――彼らが、自分たちが孵化した川の匂いとまったく同じ匂い分子の集合を検知できることは間違いない。

実験から、サケは降海時に、生まれた川の匂いについての嗅覚的記憶の刷り込みを行うことがわかっている。彼らの生まれ故郷は、さまざまな水生植物や動物相、土壌が織りなす独特な場所であり、それらが組み合わさって独特な匂いを放っているはずだ。その故郷の川に産卵のために遡上して帰るとき、彼らはその川固有の匂いの情報を思い出し、ゆくべき航路を見つけるのだ。サケはたしかに生まれた川の化学的地図をもっている。では彼らはその化学的情報をどのように検知し、解読するのか？

サケの鼻腔は、頭の両側の目の下あたりにあって、そこにはおよそ一〇〇万個の嗅細胞がぎっしりと並んでいる。ヤツメウナギとはちがって、サケの嗅細胞には嗅覚受容体をもつ繊毛がある。繊毛には匂い分子を検知する機能があり、水中を探って匂い分子を探す。匂い物質は一つひとつが独特な形状と組成をもっていて、それぞれ一種類の嗅覚受容体としか合致しない。鍵が鍵穴に収まるように、匂い分子が受容体に収まると化学的なインパルスが発生し、インパルスは鼻腔から脳の嗅球へと伝わり、嗅球は、サケを取り巻く環境についてのその情報を処理する。このデータを処理してまとめ上げるのは嗅球内の神経細胞で、その後、それらの信号の処理に特化した脳の適切な部位に情報を伝達する。

サケは、嗅覚を帰巣のためだけに使っているのではない。捕食者に気づいて回避するのにも嗅覚は役立っているようで、それは稚魚についても確認されている。稚魚たちは、水槽内の、希釈したカワウソの糞の匂いが広がるエリアを避けて泳いだ。しかもそれは、糞の主であるカワウソが事前にサケを食べていた場合に限られた。糞の匂いが、サケを食べていないカワウソのものであるときは、サケはそのエリアを回避しなかった。この結果から、サケにとって早期警戒警報の役割を果たしているのは、食べられたサケの匂いであって、カワウソの匂いではないと推測できる。

サケにとって重要なのは、どの生物が危険かを知ることではなく、その生物が自分たち家族の一員や、どんなに遠縁であっても親戚を食べているという事実なのだ！

おもしろいことに、生物のなかには捕食者を避けるためにさらなる工夫をしているものがいる。彼らは生き延びるために化学的なカムフラージュ術を使う。サンゴ礁に棲むカワハギが視覚的な偽装を行い、サンゴに姿を似せて見分けがつかないようにすることはよく知られている。さらに彼らは捕食者を避けるために化学的な幻惑術も使っている。カワハギは化学的保護色――捕食者に見つからないようにする能力――として、自分たちの食糧であるサンゴの匂いを放出している。これによって、カワハギは捕食者の目をくらますことができる。捕食者はサンゴを食べたいとはまったく思っていないのだから。

コワモテの帰巣の達人

餌動物は嗅覚を使って捕食者から逃れている。では捕食者は嗅覚をどのように使って餌動物に迫るのか？　食物連鎖の頂点に君臨する悪評高い水中の生物、サメの場合はどうだろう？

サメの種は全部で五〇〇種を超える。そのほとんどがじつに海洋性である。多くの種は、ある種のサケ同様、毎年何千キロメートルも回遊して生まれた場所に戻ってくる。海を渡ってはるか遠くまで移動する種も多く、メキシコ湾流などの海流を利用して、大西洋を時計回りに横断する。大西洋横断旅行の途中、サメのそれぞれの種は視覚的情報や、体表にある電気受容器（電場や電流、パルスを検知する働きをする）、そして嗅覚を、状況に応じてさまざまな程度に利用する。彼らサメは、深く暗い海を、浅い海を、そして河系さえも生き延びてきた生物《サバイバー》なのだ。

サメに発信機を取り付けて実施した追跡調査から、さまざまな種のサメがどれほどの距離を移動しているのか——そしてそこから戻る道を見つけるためにどのような知覚を利用しているのかについての、非常に興味深い洞察が得られた。たとえばフロリダ沖での観察プロジェクトから、メジロザメ属の小型のサメ（学名 C.limbatus）は、嗅覚を含むさまざまな知覚を組み合わせて利用していることがわかった。メジロザメは鼻孔を塞がれると、生まれた場所に帰るのが困難になった。匂いの情報がなくなったことにより、生まれた場所にまったく戻れなくなったサメもいた。またなんとかたどり着けたものも、嗅覚が正常なまま同時に放されたサメに比べて、同じ距離を戻ってくるのにより長い時間がかかった。故郷にたどり着いた後も、普段の行動に異変が現れた。彼らは、生まれ故郷に長く留まることができなかった。

　しかし、もしもこれらのサメが嗅覚が正常なまま放されたとしたら、彼らが帰り道を見つけるためにどの化学的情報を使ったかは不明である。彼らは、自分が生まれた場所を象徴する匂い、シグネチャー・セントをしっかり嗅ぎ分けられなかったために、迷ってしまったのかもしれない。彼らもサケのように、生まれた場所の化学的な地図が脳に刷り込まれてはいたが、鼻孔を塞がれていたせいでそれを検知できなかった可能性もある。あるいは、仲間が放出するフェロモンの匂いを嗅ぎ分けられず、混乱してしまったのかもしれない。この調査からわかるのは、嗅覚的な手がかりは重要な働きをしているが、それは帰巣に関わる唯一の知覚的な信号ではないということだ。地磁気が方向を知る手がかりとなっているかもしれないし、潮流が重要な情報を伝えたり、一定の方向への移動をうながすこともあるだろう。あるいは、生まれた場所のシグネチャー・セントを潮の流れに感じられなかったことが、サメたちを戸惑わせたのかもしれない。明確な答えを出すのは困難だ。

　はっきり言えるのは、サメが生まれもつこのすぐれた感覚器官が、彼らを深海にうってつけの捕食者にしているということだ。そして深海はサメがしばしば好む生息場所なのだ――これもまた種によって異なるが。多くの場合、彼らの感覚器官は、低照度レベルの場所で獲物を見つけるのに驚くほど適している。

サメの鼻先にあるゼリー状の物質が詰まった筒、ロレンチーニ器官は、電気受容体と呼ばれる特殊な器官の重要な部分である。この器官は、逃げようとする餌動物の筋肉が収縮する一瞬の動きさえも感知する。この器官のおかげで、サメは視界がまったく利かない場所でも獲物を見つけることができる。この器官はまた、消耗した、あるいは怪我を負った生物の身体の震えも感知する。

超音波は水中をうまく伝播《でんぱ》してサメの側線系に伝わる。側線系とは、サメの鼻先を起点として体の両側面に沿って伸びる、皮膚の真下にある液体が詰まったチューブ状の感覚器官である。体の側面にある孔から流れ込んだ水は、このチューブ内に並ぶ、水の動きを敏感に捉える毛状の組織にさらされる。この感覚系のおかげで、サメはもっとも暗い海の深みでも獲物のそばまで行けるのだ。

澄んだ水の中を泳ぐことが多いホホジロザメは、すぐれた視力をもっている。おそらく彼らは、あなたが気づくより先に、あなたを見つけてしまうだろう（ただし、一〇メートル以上離れた場所にいる場合は、かならずしもそうではない）。そのとき彼らは、あなたの匂いにも気づいているのだろうか？

ホホジロザメの嗅覚は、水が濁れば濁るほど働くようになる。読者は今、ごく少量の血の匂いがはるか彼方にいる恐ろしい捕食者、サメの鼻孔に届き、今しも襲撃がはじまる様子を思い描いたはずだ。しかしそれはただの伝説だ。サメが匂いに誘われて人を襲う確たる証拠はどこにもない。サメが人を襲った事件は、たいていの場合相手を間違えただけなのだ。

とはいえ、実際に人がサメに襲われる恐ろしい光景は、忘れがたいものだ。たとえば、二〇一五年に南アフリカのジェフリーズ・ベイで開かれた大会で、競技中にホホジロザメに襲われたオーストラリア人サーファー、ミック・ファニングの場合がそうだ。彼は、サメに激しいパンチをお見舞いして無傷で生還したらしいが、だからといって襲撃の恐怖が和らぐわけではない。しかしこんなふうにサメが人を襲うことはめったにない。そしてその理由の一つはごく簡単なことだ。

サメはプランクトンや魚、カニ、アザラシ、クジラなど、さまざまなものを餌にするが、じつは偏食なのだ。彼らは脂肪分が多い食べ物を好み、アザラシがしばしばメニューにのぼるのはそのせいだ。何かをひと囓《かじ》りして、いつもとちがう、馴染みのない味がしたなら――たとえば人間を囓ったときがそうだ――彼らはたいてい食事を途中で中断する。とはいえ、それを聞いても安心はできないだろう。ひと囓りされただけで、致命傷となることが多いのだから。ほとんどの人間は丸呑みはされないものの、おそらく出血多量で死んでしまうだろう。

では、サメは自分が食べたいと思う獲物をどんなふうに追跡するのだろう？　たしかに、サメは驚くほど敏感な嗅覚をもっている。サメが泳いでいるあいだじゅう、鼻の入り口、つまり鼻孔から水が流れ込み、周囲の匂いが途切れることなく自動的に鼻洞や鼻嚢に届くしくみとなっている。この匂いを含む水は、鼻嚢にある嗅板の上を流れていく。サメの場合、薄い層が折り重なったこの感覚器が匂い分子を鼻嚢内に長く留める働きをしており、それが匂いを検知する確率を高めている。匂い分子は嗅板上を通り過ぎる際に感覚細胞を刺激し、その情報は脳へと伝えられる。

サメの、なかでもホホジロザメの嗅覚がどれほど鋭いのかについて、これまでさまざまな研究が行われてきたが、彼らの嗅覚がほかの水中生物よりも鋭いという確証は今も得られていない。ただ、サメの脳のおよそ三分の二を嗅覚器官が占めている、という事実から、サメはよりすぐれた嗅覚をもっているにちがいないと考えられている。

サメは、ある種の匂いを二五〇〇万分の一の濃度で検知できると推定されている。これはおそらく、彼らが外海の五〇〇メートル離れた場所で匂いを検知する能力をもっていることを意味している。

サメはまた、匂いで方向を探知する能力の高さでとくによく知られている。彼らは自分の鼻に従う。この能力のおかげで、サメは匂いの発生源により正確に追い迫ることができる。サメは匂いが左から来るのか右から来るのかを驚くべき速さで特定し、その方向へ突き進む。彼らが身体を左右にゆすりながら水中を進んでいくように見えるのはそのせいだ。そんなふうに体を振り動かすことによって、獲物の居場所を正確に知ることができる。左か、右か、と。

シュモクザメは、その容貌のおかげですいぶん得をしているように思われる。科学者の間で

「ハンマー型の頭部」と呼ばれているその特徴的な平たい頭部の形状で、すぐにそれとわかる。またこの頭部は、左右に特別大きく離れた場所にある鼻孔と、獲物を追跡して接近することにかけてはほかの種のサメに大きく水をあける有利さをシュモクザメにあたえた。鼻孔が、頭の両側でなく、幅広い鼻の両端に遠く離れて位置するおかげで、ある匂いが、どちらの方向からいちばん強く漂ってくるかをすぐに識別することができる。彼らは匂いを立体的に感じているのだ。

つまり、シュモクザメは左右の匂いの時間差を、ほかのサメに比べてより小さな角度で、またより高速で泳ぎながら検知できるということだ、と研究者らは言う。おかげでシュモクザメは、より高速で泳ぎながら方向を定めて獲物を攻撃することができるのだ。彼らは警告なしに現れる。少なくとも、彼らが狙いをつけた獲物が「シュレックストフ」を放出しないかぎり。このドイツ語の単語を翻訳すると「忌避剤」とか「恐怖物質」となる。もっと砕けた言い方をすれば「恐ろしい物質」だ。嗅覚研究の世界では、この言葉は魚類が分泌する化学警報信号、つまり警報フェロモンのことを指す。

恐れと恐怖の因子

魚の多くは社会性生物で群れをなして泳いでいる。要するに、数が多ければそのぶん安全なのだ。シュレックストフがその群れの防御手段の一つであるときは、とくに群れて泳ぐことが有利に働く。魚がこの物質を放出するのは傷を負ったとき――あるいは食べられそうになっているとき――で、どうやらこの物質には群れのほかのメンバーに逃げろと警告する効果があるようなのだ。

オーストラリアの動物行動学者、カール・フォン・フリッシュがはじめてこのシュレックストフの効果に気づいたのは、一匹の魚を別の魚の群れが泳ぐ水槽に入れたときのことだった。聴覚の損傷に関する実験のため、この魚は交感神経を切断されていて、その処置の明らかな副作用として尾に怪我を負っていた。フリッシュは、怪我をした魚を水槽内に入れた途端に、ほかの魚がストレスの兆候を示しはじめたことに気づいた。結果的にフリッシュは実験の目的を変更し、魚の群れの反応の理由を探ることにした。そして彼は、魚の群れに危険が迫っていることを警告し、魚にストレス反応を誘発した化学物質を言い表すために、シュレックストフという造語を考えだした。一九四二年のことだった。

その後、多くの研究者がこのシュレックストフについて研究を深めてきた。現在では、魚がシュレックストフを放出するのは不随意的反応だと考えられている。つまりシュレックストフは、捕食者の攻撃（フリッシュが魚の尾を切断したように）が原因で負った身体的な傷に対する受動的反応だろうと考えられている。傷口から出る匂いが別の捕食者を引き寄せてしまう可能性もあるが、同じ匂いが仲間に危険を知らせる働きもしているようなのだ。

最近、シンガポールのある研究チームが、ゼブラダニオ〔黒と金色の横縞模様をした熱帯魚〕について、シュレックストフの働きをしている化学物質を特定したと発表した。それはグルコサミノグリカン・コンドロイチンと呼ばれる砂糖に似た分子である。この分子は、多くの生物の体内にさまざまな形で存在する物質で、軟骨組織の中にもある（あなたが軟骨組織に問題を抱えている場合は、栄養補助食品のタブレットとして摂取することも可能だ）。すりつぶしたゼブラダニオから採取したさまざまな化学物質を用いて、選択法による実験を繰り返した結果、研究チームは、ゼブラダニオの捕食者を回避する行動を誘発する物質が、このグリコサミノグリカン・コンドロイチンであることを突き止めたのだ。彼らが示した回避行動とは、水槽の底付近に留まってから前後へ突進するか、しばらくゆっくり泳いでから、四方八方に泳ぎ去る行動を繰り返すかのどちらかだった。

興味深いことに、研究チームは、シュレックストフに反応するのが魚の嗅球のほんの一部分だけであることを明らかにした。しかもその部分は、ほかの化学信号には反応しない。しかし、そもそもなぜ魚はそんな警告信号を出すのか、という疑問が残っている。仲間の魚たちを救おうとする土壇場の利他的行為なのだろうか？　あるいは、仲間の魚は遺伝的に近縁である可能性が高く、したがって警告には一族の遺伝子を後に伝えるという意味があるのか？　またもしかすると、そこにいる魚はみな、進化の過程でシュレックストフを検知して処理する能力を身につけてきた者たちで、つまりはその種の本物の生き残り《サバイバー》だということなのかもしれない。

水中の哺乳類

魚が鋭い嗅覚をもち、それを水中で匂いを嗅ぐために使っているのは明らかだ。では、進化の過程で水中という環境に戻ってきた哺乳類の場合はどうか？　魚とはちがって、水中の哺乳類は空気の匂いも嗅いでいる。ホシバナモグラが、生きるために気泡を使って匂いを追跡する方法を身につけたことはすでにお話しした。生活の大部分を、あるいはそのすべてを水中で過ごすアザラシやクジラの嗅覚はどうなっているのだろう？　過去の多くの研究が、海の哺乳類は嗅覚をまったくもたないか、せいぜいのところが原始的な嗅覚しかもたないと主張してきた。マルイカやシャチ、マッコウクジラなどのハクジラ亜目のクジラに関しては、たしかにそのとおりだ。彼らは、進化の過程で匂いを嗅ぐための神経系の器官を失ってしまったように見える。

しかしヒゲクジラの場合はちがう。最近になって、ヒゲクジラには匂いを嗅ぐための神経系と生化学的なしくみが備わっていることが明らかになった。イヌピアト族［アラスカ北部の北極海沿岸地域に住む先住民］の年に一度の自給自足のための狩りに同行した研究者らは、獲物となったクジラの脳を解剖し、標本を持ち帰って嗅覚受容体に関わる遺伝子があるかどうかを調べることに成功した。実験室で調べた結果、クジラの脳は明らかに神経経路で鼻とつながっており、嗅覚受容体遺伝子もたしかに存在しているとわかった。ほかのヒゲクジラについても、同様のことが観察されている。では、彼らは何のためにその嗅覚を必要とするのか？　それについては、先に説明したアホウドリやその他の海鳥と似たところがある。海鳥はみな、硫化水素の匂いを嗅ぎつけることができ、その匂いはクジラの好物であるオキアミの身に何が起きたかだけでなく、オキアミなどのプランクトンが豊富な場所を隠れもなく告げる信号なのだ。

最近になって、長年ほぼ無嗅覚であると考えられてきたアザラシにも、同様の能力があることが証明された。ゼニガタアザラシを用いた実験から、彼らがなんと……ジメチルサルファイドの匂いを嗅げることがわかった。ジメチルサルファイドもまた、海の動物にとって重要な匂いである。しかしアザラシが関心を示すのは、この匂いだけではなさそうだ。

アシカのメスが、子アシカに「キスしている」可愛い写真を、みなさんも見たことがあるだろう。しかし、わたしたちが愛情の表れだと思っているその行為は、じつは匂いを使って相互に身元を確認し合っているものなのだ。オーストラリアアシカ（学名 Neophoca cinerea）が子育てをする一八カ月間に、母アシカはたびたび子どもを置いて狩りに出かけなくてはならない。ときには数日がかりとなる食糧調達の旅から母アシカが戻ったとき、子どもたちが置いていったときと同じ場所にいることはまずない。普通は、子アシカはコロニー内を徘徊し、入り江を探索し、ときには別の子アシカの群れに紛れ込んでしまう。母アシカは、乳や食べ物をあたえるべき自分の子どもをどうやって見分けるのか？

母アシカはもちろん視覚や聴覚も使う。アシカのメスは、子アシカの呼び声や姿など、聴覚的、視覚的な記憶をもとに子どもを見つけているが、どうやら匂いが、至近距離で子どもを確認する際の最終的な手がかりのようで、だから母子が再会したときに「キスをしている」ように見えるのだ。

では、母子が確認し合っているものとは？ ナンキョクオットセイ（学名Arctocephalus gazella）についての研究チームは、亜南極諸島のサウスジョージア島に棲む、母オットセイと子オットセイの匂いはよく似た特徴をもっており、この匂いが遺伝子に組み込まれている可能性を示唆した。そしてそのことは、近親交配を防ぎ、遺伝的多様性をうながす意味で種の存続に重要な意味をもっている、と研究チームは考えている。

水中の匂いを嗅げない海の哺乳類も、その多くは空気中の匂いを嗅ぎ取る能力は保有していて、広大な海の中の資源豊かな場所を探し当てることはできるようだ。しかし、ハクジラがほかのクジラとは異なる進化の過程をたどり、嗅覚を失ってしまったように見える理由については、わからないままである。

この謎や、水中や海の生物についてのその他の謎を解明しようと、多くの科学者が今も研究に勤《いそ》しんでいる。いま現在わかっているのは、異なるさまざまな種が、嗅覚を利用してめざす目的地にたどり着いたり、獲物を捕らえたり、危険を知らせたり、パートナーや子どもを探し当てたりしているということだ。わたしたち人間は、こうした素晴らしい海の生物たちを匂いを使って思うままに操ったり、ある種の行動を規制したりしようとしているが、そうした人の行動が、多くの海の生物の生存そのものを脅かしている可能性もある。第2章で見てきたように、人のそれ以外の多くの行動についても、同じことが言える。

第6章

ネズミは嗅覚がすべて

絵本『2ひきのわるいネズミのおはなし』（福音館書店）の中で、著者のビアトリクス・ポターは、人形の家に忍び込んだハンカ・マンカとトム・サム（二匹のわるいねずみ）が、そこにある食べ物が色を塗った石膏模型だと知ってひどく驚いたと書いている。おそらくポターは、ネズミを専門とする生物学者ではなかったのだろう。もしもそうだったなら、小さなネズミが見た目で何かを判断することはないと知っていたはずだから。ネズミにとって、重要なのは匂いだ。匂いは、何が食べられるか（ほとんどのものは食べられる……）だけでなく、パートナーにふさわしい強健な個体はだれか、お母さんの乳首はどこにあるか、そしてだれが友でだれが敵かということまで教えてくれる。

人のあとを追って地球上のほぼすべての場所までついてきたネズミは、人が将来のために食糧を備蓄するようになって以来、ずっと厄介な存在でありつづけてきた。ネズミは、人と同じものを好んで食べる。イエネズミはもともと中央アジアに生息していたネズミで、紀元前一万三〇〇〇年頃に地中海東岸までやってきた。その後、ネズミがヨーロッパ中にはびこるようになったのは、紀元前一〇〇〇年頃のことだった。

イエネズミは、生後一〇週間ほどで子どもを産みはじめる。つまりイエネズミの世代時間は非常に短い。そしていったん増えはじめると、みるみる数が増えていく。一匹のメスは一年間に五回から一〇回子どもを産み、一度に生まれるのは六〜八匹だ。つまり、六匹のネズミが三カ月後には六〇匹になる計算だ。ネズミが家の中に大量発生して招かれざる客になってしまう理由がわかるだろう。冬が近づき戸外の食糧が乏しくなる頃はとくにそうなりやすい。しかし、この世代時間の短さには利点もある。生物学や医学の研究者の多くがネズミをモデル生物に選ぶのは、一つにはそのせいなのだ。

嗅覚を理解するためのほとんどの情報を、わたしたちは二つのモデル生物から得てきた。ハエとネズミである。この二つのモデル生物にはそれぞれメリットとデメリットがあるが、相互にうまく補完し合っている。ネズミのメリットは、彼らが哺乳類で、人に非常に近いことだ。この章では、嗅覚に頼ったネズミの行動について考え、その背後にある嗅覚のしくみについても少しお話しするつもりだ。世界中の科学者が、ネズミの嗅覚のしくみを解き明かそうとして大量の時間とエネルギー、そして資源をつぎ込んできた。だからそのほんの一部を紹介するだけで、嗅覚に頼るネズミの暮らしの重要な部分を伝えられるだろう。

四つあるうちの第一の鼻

人にとっては、鼻は鼻でしかない。ただそれだけだ。しかし脊椎の有無にかかわらず、ほかのほとんどの動物にとっては、嗅覚は鼻以外のいくつかの別の場所にもあるもので、ネズミはそのよい例である。ネズミには匂いを嗅ぐための異なる四つの器官があり、それぞれ独特の形状と機能をもっている。

人と同様、ネズミの主嗅覚も頭骨内の鼻孔の上部にある。つまり鼻だ。ネズミの鼻の内部の粘膜組織は非常に入り組んでいて、そのぶん人の嗅粘膜よりずっと面積が広い。この粘膜には、さまざまな種類の揮発性の匂い分子に対応する、およそ一〇〇〇万個の嗅細胞が並んでいる。それぞれの嗅細胞の特性は、それが発現する嗅覚受容体によって決まる。

ネズミは、タンパク質であるこの嗅覚受容体をおよそ一二〇〇種類ほどもっており、その数は人のおよそ三倍にあたる。一つひとつの嗅覚受容体は、特定の匂い分子に対応する特殊な形状のくぼみをもち、そのくぼみに適合した匂い分子に反応するが、じつはこのくぼみには、一定の共通部分がある。あらゆる動物の嗅覚系が、大量の匂いの情報を記号化できる理由はここにある。さまざまな種類の嗅覚受容体を組み合わせることにより、より少ない種類の受容体で、非常に多くの異なる種類の匂いを識別することができる。受容体のなかには、一個から数個の匂い分子にしか反応しない特殊なものがある一方で、どんな匂い分子にも反応するものもある。

嗅覚受容体を発現する嗅細胞は、すべて主嗅上皮、つまり鼻の嗅粘膜に埋め込まれている。そこでは、嗅細胞は、わたしたちが俗に鼻水と呼んでいる粘液の層の中で泳いでいる。嗅粘膜はいくつかの区域に分かれていて、それぞれの区域は同じタイプの嗅細胞を発現しやすくなっている。嗅粘膜上のすべての嗅細胞は、軸索を主嗅球に投射する。わたしの同僚で、マックス・プランク神経遺伝学リサーチ・ユニットの所長であるピーター・モンバエルツは、同じ嗅覚受容体を発現させている嗅細胞は、多くの場合嗅球にある二つの糸球体に特異的に収束していることを、神経遺伝学的研究によりはじめて明らかにした。このようにして届けられた匂いの情報は、ここで空間的にコード化される。このように、ネズミの鼻やその嗅上皮、そして主嗅球は、人の嗅覚系と基本的に非常によく似ている。

ではネズミは、その普通の鼻でどんな匂いを嗅いでいるのか？　そう、重要な匂いのほぼすべてを嗅いでいる。

鋤鼻器

鋤鼻器（VNO）またはヤコブソン器官は、ネズミをはじめとする多くの動物がもつ第二の鼻である。一七〇〇年代にオランダの解剖学者フレデリクス・ルイシがヘビにこの器官があるのを発見したのが最初だが、その後一八〇三年にデンマークの外科医、ルートヴィヒ・ヤコブソンが再発見して報告し、その名にちなんでヤコブソン器官と呼ばれるようになった。口蓋の真上にある鋤鼻器は二つの筒状の組織で、内側の粘膜上に、主に三種類のVNO受容体（鋤鼻器受容体）を発現する、およそ三〇万個の嗅細胞が並んでいる。

このVNO受容体は、主としてフェロモンと、ネズミが分泌するその他の匂い、たとえば病気を知らせる匂いなどを検知すると考えられている。VNO受容体のうちの二つのタイプは微小な揮発性の分子と結合するが、三つ目のタイプの受容体は、ネズミの尿中のタンパク質、つまり主要尿タンパク質（MUPs）などの、非常に重い、水媒介のポリペプチドと結合すると思われる。どれもフェロモンの検知に関係しているこの異なる三つのタイプのVNO受容体は、オス、メスのどちらにも同じように発現するようで、つまり性的二型性は見られない。VNO受容体をもつ嗅細胞は、軸索を主嗅球ではなく副嗅球へ投射する。

鋤鼻器の筒状組織には液体が詰まっており、水で満たされた管で鼻腔につながっている。つまり、鋤鼻器による匂いの検知は液体ベースであり、鋤鼻器では主嗅覚とは別の匂いのスペクトルが検知されているか、嗅細胞に情報を伝える別のメカニズムが存在しているかのどちらかだと思われる。匂い分子のなかには、自力でこの鋤鼻器とその嗅細胞にたどり着けるものもあるが、MUPsと結びついてはじめて嗅細胞を刺激し、匂いとして感知されるものもある。また、ある種のMUPsはそれ自体が「匂い」の働きをするものもあるようだ。

鋤鼻器はフレーメン反応と呼ばれる特殊な行動によって活性化するが、この行動は社会的相互作用の最中や、社会的な行動を誘発しうる信号が周囲に存在するときに起こる。おそらく読者も、馬のフレーメン反応を見たことがあるのではないだろうか。なにしろ馬のフレーメン反応はとても人目を引くものだから。フレーメン反応には、鋤鼻器の道管を開いて通り道を作り、匂いの刺激を内部の嗅細胞に届きやすくする効果がある。イヌがこのフレーメン反応をどのように利用しているかについては、第3章に書いた。

グルーエネベルク神経節

ネズミの鼻先、鼻孔のすぐ真上に、三〇〇から五〇〇個の神経細胞が集合した組織があることを、ハンス・グルーエネベルクが一九七三年に発表した。グルーエネベルク（あるいはグリューネベルク）神経節という名で知られるこの器官は、鼻とはまったく異なる構造をしている。嗅細胞の繊毛は皮膚に埋もれているが、それでも水溶性の匂い刺激を検知できる。嗅細胞は特殊な嗅覚受容体を発現し、なかには鋤鼻器にある受容体とよく似たものもある。嗅細胞から伸びる軸索は束を形成し、特別な経路を通ってネックレス糸球体と呼ばれる嗅球の特別な部位に投射している。

このグルーエネベルク神経節の機能が、長年議論の的となってきた。この器官が胎生期の初期に形成されること、また（授乳の際に）ちょうどよい具合に母親の乳房の近くに位置することを理由に、多くの科学者がこれは授乳に関係がある器官ではないかと考えた。ところが、スイスのローザンヌ大学のマリー・クリスティン・ブロワイエ率いる研究チームが、この器官の機能を探るために、どのような匂いが嗅細胞を活性化するかを調べたところ、まったく予想外の、驚くような働きをしていることがわかった。ブロワイエの研究チームは、まず授乳に関係する異なるさまざまな匂いを用いた実験を行なった。しかし知られているかぎりのネズミのフェロモンにも、ミルクの匂いにも、尿の匂いにも反応はなかった。

刺激をすぐに検知して迅速に反応することが求められる別の状況はといえば、もちろん危険が迫っているときだ。研究チームは、ネズミにとっての危険な状況に関連するさまざまな匂いについて、反応を調べることにした。その結果、ネズミのグルーエネベルク神経節の嗅細胞の多くが、死にかけているネズミが放つ特殊な匂い分子にもっとも強く反応することがわかった。この実験のために、研究チームは二酸化炭素を使ってネズミを窒息させた。これは食肉処理場で屠殺する豚を眠らせるために使われる方法だが、この方法がもたらす死がそれほど安楽なものではないことはよく知られている（ブタが苦しむ姿を見ずにすむこと以外の、いったいどんな理由でこの方法が商業的な現場で使われているのか。本当に理解に苦しむ）。

死にかけているネズミが放つ匂いには、生きているネズミにも一瞬で殺されたネズミにも見られない、特殊な匂い分子が多数含まれていた。これは一種のシュレックストフ、つまり警報ホルモンだ（第5章参照）。二度目の実験で、研究チームはこの匂いの成分を特定したが、おもしろいことに、ネズミがネコやキツネなどの捕食者の存在を警告するために使う化合物と非常に似通ったものだった。おそらくこの器官は、個体を心底震え上がらせるものを広く検知する働きをしているのだろう。

恐ろしい匂いを検知するほかにも、グルーエネベルク神経節は寒さの感知にも関わっているようだ。寒さの情報が、警戒をうながす匂いとどこかでつながっているかどうかは、よくわかっていない。それぞれ無関係の、独立した知覚なのかもしれない。

マセラ器

マセラ器、またの名を鼻中隔器が発見されたのは一九二一年だが、最初に報告したのはロドルフォ・マセラで、一九四三年のことだった。マセラ器は、非感覚上皮に囲まれて主嗅覚と隔てられた、嗅上皮上のごく小さな部分である。鼻の真ん中の鼻中隔の奥深く、鼻腔と咽頭がぶつかる場所にある。この器官にはおよそ二万個の嗅細胞が存在するが、それらが発現する嗅覚受容体はほんの一〇種類ほどである。嗅細胞の半数は、ある特別な受容体、MOR256-3を発現し、この受容体は、これまで特性が明らかにされているもののうちでもっとも幅広い刺激に反応する受容体だ。つまり、マセラ器の嗅覚受容体は非常に多くの、まるで異なる匂いを検知するが、一方でマセラ器の嗅細胞の感受性は、主嗅覚の嗅細胞よりもずっと高いと思われる。マセラ器の嗅細胞は、軸索を嗅球にあるいくつかの糸球体へと投射する。

では、このマセラ器は何のためにあるのだろう？　今のところ、はっきりとしたことはわかっていない。よく言われるのは、周囲に匂いが届いていることを脳に伝え、主嗅覚からより詳細な情報が届くのを待つよう先触れする役割を果たしているのではないか、という説だ。ほかには、マセラ器は小型の鼻で主嗅覚を補完する役目を担っているのではないかという意見もある。興味深いことに、マセラ器の嗅細胞はどうやら二つのモードをもっており、機械的刺激にも反応する。そのため、匂いと空気が流れるスピードの両方を同時に検知して、おそらくそれに合わせて感度を調節することができるのだ。

要するに、ネズミは匂いを検知するための四つの異なる器官をもっている。一つはわたしたちと同様鼻の中にあるが、あとの三つはそれぞれ特別な場所に位置している。

おもしろいことに、四つの嗅覚器官の大きさはまちまちである。鼻には一〇〇〇万個の嗅細胞があるが、鋤鼻器は三〇万個、グルーエネベルク神経節にはおよそ五〇〇個、そしてマセラ器では二万個である。その事実から考えるに、どうやら何らかの重要な仕事が、鼻から、特別な機能をもったその他のより小規模な器官に「外注」されているのではないかと考えられる。その機能とは、フェロモンの検知、警報発令、そしてマセラ器に関しては、おそらく嗅覚系に匂い全般についての気づきをうながすことだ。いずれにしても、匂いを検知するためだけにこれほど多数の、多様な器官が存在すること自体が、ネズミとその生活にとって嗅覚がいかに重要なものであるかを示している。

ネズミの一生は嗅覚が決める

ネズミが四つの嗅覚器をもっていることにはちゃんとした理由がある。ネズミの一生のほぼすべての場面で、フェロモンや捕食者の匂い、あるいは食べ物の匂いなどの、多様な匂いが、重要な役割を果たしているのだ。これまで明らかにされてきた、フェロモンが誘発するネズミの相互作用はどれも目をみはるものばかりだが、ここでは、もっと驚きに満ちた相互作用についてお話ししたいと思う。

小さなネズミは、ある意味、異なるさまざまなフェロモンを産出する生きた工場である。このフェロモンは、尿に含まれるものもあれば、生殖腺から分泌されるもの、涙や唾液に含まれるものもある。フェロモンには大きく分けて二種類ある。リリーサーフェロモンとプライマーフェロモンだ。リリーサーフェロモンは、誘引行動や攻撃行動など、ほか個体の即時の行動を誘発する。一方プライマーフェロモンは、ほか個体の生理的状況に時間をかけて影響をあたえるもので、ホルモンが媒介することが多い。まずはリリーサーフェロモンから見ていこう。

オスのネズミの反応でわかりやすいのは、侵入してきたオスへの攻撃的反応である。オスが定住するなわばりに新参者がやってくると、真剣勝負がはじまる。メスや去勢されたオスが侵入しても攻撃されることはないが、非去勢のオスの尿を塗りつけた去勢されたオスをなわばり内に入れると、その匂いの持ち主とみなされて同様の攻撃的歓迎を受けることになる。定住するオスに、なわばり内に侵入者がいると知らせているのが、侵入したオスの尿中に含まれる匂いのある化合物であることは間違いない。授乳中のメスもまた、侵入してきたオスに攻撃的な振る舞いを見せるが、未受精のメスは攻撃的にならない。おそらく授乳中のメスは、ときに殺しも辞さない侵入者から赤ん坊を守ろうとしているのだろう。子の父ではないオスはしばしば、メスがより早く自分の子を産めるように別のオスの子を殺害することがある。残酷だが、効率的ではある……。

このときオスやメスの攻撃性を高めているのは、オスの尿中の揮発性化合物と不揮発性化合物の両方である。これらの化合物は、鼻と鋤鼻器の両方で検知される。この異なる化合物の匂いの両方が検知されてはじめて、オスの侵入者から、なわばりやパートナー、そして子孫を守るための攻撃的行動が誘発される。この行動はほかの多くの種にも見られるものだが、ネズミに関する研究はとくにすばらしい洞察をもたらした。

匂いは、生まれたばかり子ネズミが母親の乳首を見つける際にも重要な役割を果たしている。ネズミは生まれたときは目がまったく見えないため、匂いだけを頼りに乳首にたどり着く。その際の子ネズミの行動は定型的で、昆虫が目的物までジグザグに進んでいく様子と非常に似通っている。母ネズミの乳首を洗浄したり、子ネズミの鼻が利かないようにしたりすると、子ネズミは母ネズミの乳首を探し当てられず、餓死してしまう。これには、母ネズミの胎内にいるときからの学習が関わっていると思われる。子ネズミは羊水の匂いを記憶し、さらには母ネズミのミルクや唾液の匂いもすぐに覚えてしまう。ほかの小型哺乳類、たとえばウサギについては乳首を探し当てるのに関わる特殊なフェロモンが見つかっているが、ネズミの場合はもう少し柔軟性があるようで、母ネズミが食べたものによって子ネズミの匂いの好みは変化しうる。第2章で人間について述べた箇所を参照してほしい。

リリーサーフェロモンの効果としてもっともよく知られているのは、たいてい生殖に関するものだ。ネズミの場合も例外ではない。匂いに誘発された複雑な相互作用が、オスとメスの間に生じる。オスの尿もメスの尿も、異性のネズミにとっては非常に魅力に満ちている。尿には揮発性が非常に高い物質と非揮発性の主要尿タンパク質（MUPs）が含まれている（鋤鼻器の項を参照のこと）。このMUPの一つが、リバプール大学のジェーン・ハーストの研究チームによって、オスのネズミの尿中から特定された。ジェイン・オースティンの『高慢と偏見』の魅力的な登場人物、ダーシーにちなんでダーシンという適切な名をあたえられたこのフェロモンは、メスの性的欲求を誘発する重要な役割を果たしている。

ネズミのオスとメスは、異性の尿の匂いだけでなく、生殖器の周囲にある特殊な腺や唾液、あるいは涙の匂いにも明らかに誘引される。オスの涙の匂いは、メスをまさに恋愛モードにしてしまう。これらの匂いは、鼻と鋤鼻器の両方を介して複雑に影響し合っている。

このタイプのフェロモンはすべて、個体差なく機能しているようだ。どれも交配や攻撃性などに関する一般的なメッセージなのだ。

だれが味方でだれが敵か？

ネズミの暮らしでそれ以外に重要なのは、わたしたち人間と同じで、だれが友人でだれが敵か、だれが親族で、だれがそうではないかをうまく見きわめることだ。ネズミの場合はそのほとんどを嗅覚が行なっている。ここで、第2章の人の嗅覚について書いた部分をぜひ読み返してほしい。人の場合も、ネズミと非常によく似た匂いの相互作用が行われていることがわかる。

個体識別が重要である理由の一つは、それによってその個体と自身の類似性をある程度判断できることだ。これには、免疫系に含まれるさまざまなタンパク質が重要な役割を果たしている。それについては、本書の人の行動についての章ですでに触れている。このタンパク質もやはりネズミの尿中に存在しており、含まれている割合は個体によって異なる。鼻と鋤鼻器にある嗅細胞は、どちらもこのタンパク質を検知することができ、ネズミは匂いに導かれてパートナー選びをする。あまりにも自分と似た相手を選ぶのはよくないが、一方で、あまりにもちがいすぎる相手を選ぶのもいいことではないだろう。やはり、嗅覚はネズミの一生に関わる重要な問題を決定しているのだ。

もう一つの、さらによく知られているネズミの個体識別効果は、人にはないことを願いたくなるようなものだ。妊娠中断効果、いわゆるブルース効果（もうお気づきだろうが、ネズミの器官や行動のなかには、それを発見した人の名が冠せられているものがあり、この効果の発見者は、イギリスの動物学者、ヒルダ・マーガレット・ブルースである）は、妊娠中のメスが、別系統のオスの尿の匂いを嗅いだときに生じる現象だ。

別系統のオスの尿の匂いがメスを自動的に流産させ、あらたな、明らかに元のパートナーよりも強いオスと自由に交配できるようにする。しかしなぜあらたなオスのほうが強いとみなされるのか？　なぜならそのオスは、元のパートナーのなわばりでマーキング行動ができたから、それだけのことだ。またメスがあらたにやってきたオスを識別できるということは、メスが元のパートナーの匂いをはっきり覚えているということだ。どうやらブルース効果には、特殊な主要尿タンパク質と機能する鋤鼻器が揃っている必要があるようだ。主嗅覚である鼻は、この交互作用には関わっていないと思われる。

プライマーフェロモン

プライマーフェロモンは、遺伝子が次の世代へ引き継がれるチャンスを高めるように、他個体の身体の生理的状況を変化させる働きをする。プライマーフェロモンのいくつかは、女性の生殖周期を変えてしまう。ウェズリー・K・ホイットンが早くも一九五六年に発表したホイットン効果は、集団飼育されているメスのマウスにオスのマウスの匂いを嗅がせると、発情周期が揃うというものだった。つまりオスがそばにいると、周囲のメスのすべてが交配できる状態になるということだ（第２章のマクリントックによる議論を呼んだ実験の箇所を読み返してほしい）。匂いが誘発するその他の変化としては、オスの匂いが若いメスの性的成熟期を早めるというものもある（ファンデンベルヒ効果という――さて発見したのはだれでしょう）。またメス同士がおたがいの生理周期に影響をあたえ合うこともある。一方メスの匂いは、オスの匂いがもたらすホイットン効果とは真逆の効果をもつようだ。メスの匂いには発情を遅らせる効果がある。

これらの効果はすべて、尿から放出される匂いに大きく関わっていると思われる。この匂いには、揮発性の匂いの化合物だけでなくＭＰＵｓやその他の重い化合物も含まれる。誘発される行動のいくつかについては、機能する鋤鼻器の働きが不可欠で、よって、内分泌系に司令を出す脳への主要な神経回路は、最初に鋤鼻受容器を経ていると考えられる。

汝の敵を知れ

ネズミの暮らしには重要なことが二つある。繁殖と生存、あるいは生存と繁殖。死んだネズミが繁殖することは不可能だから、まずは生存することが先決だ。ここでもまた、嗅覚が何よりも重要な役割を果たしている。ネズミは、異なる捕食者の匂いを検知することだけに特化された特殊な匂い検知システムをもっていて、主嗅覚と鋤鼻器の両方がそれに大きく関わっている。

ここで、匂いに関する専門用語をもう少し紹介しておいたほうがよさそうだ。フェロモンが同種の個体間でやりとりされる化学的メッセンジャーだということはすでに話した。一方、いま述べたような異種間でやりとりされる化学的信号ももちろんたくさんある。こうした異種間の化学的信号の名称は、だれが利益を得るかによって変わってくる。

化学的信号の受け手が利益を被るとき、その匂いはカイロモンと呼ばれる。典型的な例は、餌動物が捕食者の匂いに気づいて逃げ出す場合だ。匂い物質の生産者が利益を得るなら、その匂いはアロモンだ。餌動物を騙しておびき寄せる誘惑的な匂いや、敵を追い払うための悪臭がそうだ。三つ目は、匂いを介した相互作用によって双方が利益を得る場合だ。この匂いはシノモンと呼ばれていて、花の香りがその典型的な例である。花を訪れた昆虫は花蜜を得て、花は花粉を運んでもらえる。

ここでは、ネズミから見た捕食者との関係で、この相互作用について説明する。捕食者の匂いは、それを嗅ぐことがネズミのためになるのだから、カイロモンの一種だということになる。キツネやネコ、ラット（どれも本当にネズミの捕食者だ）が発散する特殊な匂いと、その以外の匂いを、ネズミはずっと識別してきた。いくつかの匂いはより一般的なやり方で検知されてきたが、一方でいくつかの匂いは、何らかの非常に特殊なサブシステムによって検知されていると思われる。匂い物質の一つである2フェニルエチルアミンは、捕食者の存在を正確に示す普遍的な指標である。この物質の匂いを嗅ぐと、ネズミはすっかり怯えて逃げ出してしまう。

捕食者の匂いを検知するしくみについてのより特殊な一例としては、ノースウェスタン大学の神経科学者、トーマス・ボザの実験室で実施された研究がある。彼の研究チームは、そのときは機能がよくわかっていなかった、小規模な嗅覚受容体ファミリーをターゲットとする実験を行なった。ボザとアダム・デュワンの共同研究チームによって精密に計画された実験から、これらの受容体ファミリーの中の、ある一つの受容体の機能を遺伝子ノックアウト法によって欠損させただけで、ネズミがある種の捕食者の匂いを回避できなくなることがわかった。この実験から、ネズミの嗅覚系に含まれるある特殊な嗅覚経路が、捕食者の存在を知らせる警報システムの機能を果たしていることが明らかになった。捕食者回避行動を誘発する嗅覚受容体をコードするのに必要なこの単一遺伝子は、TAAR4（トレースアミン関連受容体）と呼ばれるもので、先に述べたフェニルエチルアミン（PEA）に反応し、PEAはネコの尿中にも存在する。

というわけで、ネズミがネコの尿の匂いに本当に警戒心を抱くことが、科学によって証明された。日常生活では、このことはずっと以前から利用されていて、ネコの飼い主は、ネコ用トイレを家の周囲の要所要所に置くことによって、ネズミが家に侵入するのを防いでいる。ただしこのやり方は、かならずしも近隣住民から歓迎されるものではないけれど。

匂いを頼りに生き延びる

これまで述べてきた事実から考えて、あのハンカ・マンカとトム・サムが、色を塗った石膏模型に騙されていなかったことは間違いない。彼らは実際にその目で見るよりずっと前から、それが何であるか知っていた。ネズミは匂いが織りなす特殊な世界に棲んでいて、そこでは、すべての行動と生体機能の多くが、匂いを検知する異なるさまざまな器官が伝える情報によって決められているのだ。

食べ物、母親、パートナー、友、敵――すべてがネズミには特殊な匂いとして感知され、生存し、生殖を果たす可能性を最大限に高めるための適切な行動を選択させている。犬についてもそうだが、世界中で人と棲みかを分け合っているこの小さな生物が、独自の嗅覚器官を介してどんな感覚を得ているのかを、わたしたち人が想像することはほぼ不可能である。

第7章

鼻が利く蛾

砂糖一キロをバルト海に流し入れ、均一に混ぜ合わせる。そしてひと舐めしてみたとしよう。ごくわずかな濃度の変化をあなたは感じ取れるだろうか？　蛾ならできる。香りの痕跡を頼りにメスを探し当て、大きく広げたその両羽の間に飛び込むオスの蛾は、香りの濃度の微妙な変化を感じ取る能力をもっているのだ。

具体的にいうと、蛾は一立方センチの空気に数個の匂い分子があれば、匂いを感知できる。ちなみに、人の嗅覚閾値〔匂いを感じる最小濃度〕は、一立方センチあたりの匂い分子の個数にするとおよそ二億個である。わたしたち人間は、これまで蛾の「鼻」と同じくらい鋭敏な匂い検知器を作ろうと努力してきたが、いまだに成功していない。蛾の嗅覚は一九世紀からずっと人気の研究対象であったのだが。

一八八〇年、ジャン・アンリ・ファーブルは、蛾のメスがはるか彼方にいるオスの蛾をどのように引き寄せるかを研究者としてはじめて観察した。彼の実験は簡単なものだったが、導き出した結論は鋭い洞察にあふれていた。

ファーブルは、視覚と聴覚が何らかの役割を果たしているのは当然だとして除外し、嗅覚が決定的な働きをしているにちがいないと考えた。

「残るは嗅覚である。生物の知覚のなかで、蛾の猛進の理由を多少なりとも説明できるのは嗅覚であろう。たとえ彼らが、しばらくの逡巡のあと、ようやくメスを見つけられたとしても。実際そこには、一般に匂いと呼ばれているものとよく似た臭気が関わっているのだろうか。わたしたち人はまったく感知できないが、人より鋭い嗅覚をもつ生物には届く臭気が？」

ファーブルのこの考えはまさに正しかった。メスの蛾は、オスを引き寄せる誘惑的な匂いを放出する。この匂いは典型的なフェロモンの一種である。フェロモンとは同種の他個体に作用して行動的、生理的反応を引き起こす化学的化合物だ。フェロモンはいろいろな面でホルモンに似ている。しかし、ホルモンが個体の内部で化学的メッセンジャーの役割を果たすのに対して、フェロモンは、同種の個体間における信号伝達に関わっている。

メスを探し当てる

蛾のオスはフェロモンを――その他のすべての匂いも――ほぼ触角だけで感知する。蛾の頭のてっぺんにある触角には、感覚子と呼ばれる匂いを嗅ぐための微小な毛状組織がぎっしり並んでおり、その数は一〇万本にも及ぶ。蛾はオス、メスを問わずこの組織をもっている。一つひとつの毛状組織、つまり感覚子には数個の嗅細胞があって、それぞれ一定の匂い分子のスペクトルを検知する。オスの場合は、この嗅細胞の大半がメスのフェロモン受容に特化している。

これらの微細な感覚子は、人の鼻を小さくしたものだと考えてもらえばいい。感覚子の一つひとつは独立しているため、内包する嗅細胞の周囲の化学的性質を統制することができる。嗅細胞は、感覚子内部を満たす粘り気のある液体に浸かっており、この液体が匂い分子を嗅細胞へ運ぶ働きをしている。そのため、蛾のオスは、もっとも感知しやすい匂いに対する人の感受性の少なくとも一〇〇万倍の感受性で、メスの香りを検知することができる。

メスを探し出したいというオスの欲求の激しさは、その脳の構造にも表れている。オスの脳では、嗅覚中枢のほぼ半分が性フェロモンの検知に特化している。この嗅覚中枢は多数の少部分に分割されており、小部分はそれぞれ、メスの香りを構成する匂い分子を一つだけ検知する。

非常に低濃度の物質を感知するこの驚くべき能力を、蛾は進化の過程でどのように身につけてきたのか？　その答えを見つけるには、まずは性淘汰〔異性をめぐる競争で、有利な形質が子孫に伝わることで生じる進化〕について考える必要がある――そしてまた、あらゆる種類の化学信号をこっそり傍受し、あわよくば獲物や宿主にありつこうと目論む捕食者や寄生者についても考えなくてはならない。

微量なほうがいい

蛾のメスがオスを誘引するために性フェロモンを放出するとき、彼女が送り出すのはごく微量の匂い分子だ。一時間に放出される分子の量を重量にすると、このページ上に打たれた点一つぐらいとなる。フェロモンの分泌量を微量にすることによって、メスは異なる二つの望ましい結果を得ている。まず、微かに漂う程度の匂いにしておくことで、捕食者や寄生者に見つかるリスクを最小限に抑えることができる。彼女を狙う外敵がその存在を嗅ぎ当てるためには、嗅覚を相当研ぎ澄ます必要があるだろう。実際そういうこともあるが、非常に稀なケースである。

たとえばある種の蝶《ちょう》には、嗅覚をきわめて有害なレベルまで敏感化した外敵がいる。タダ乗りを得意とするこの卵寄生蜂は、ある種の蝶のフェロモンを検知する鋭い嗅覚を獲得した。卵寄生蜂は、メスの蝶のフェロモンの形跡を感知すると、匂いをたどってメスを見つけて飛び乗り、メスが卵を生むまでタダ乗りを続ける。そして、メスが産卵したその瞬間、卵寄生蜂はメスから飛び降り、蝶が産んだ卵の内部に自分の卵を産みつける。先に卵から孵ったハチの幼虫は、蝶の卵の内部の幼虫を養分として成長し――イモムシになるはずの蝶の幼虫は、間違いなく途中で命を絶たれることになる。

最高の遺伝子を手に入れる

蛾のメスがフェロモンの濃度を非常に低く抑えているもう一つのより大きな理由は、おそらくそれが繁殖、とくに性シグナルに関わる重要な信号だからだろう。メスが分泌するフェロモンが非常に低濃度だということは、かなり敏感な「鼻」をもつオスだけが彼女を見つけられることを意味する。つまり、オスは常に嗅覚をより研ぎ澄まさねばならない進化的淘汰圧にさらされている。蛾のオスの多くが巨大な触角をもっているのはそのせいだ。空気力学的観点からすると、飛ぶ昆虫がこのように巨大な風よけを前面につけていることは、明らかに理想的ではない。まるでジェット機が正面に巨大なパラシュートをつけているようなものだ。しかしそれで繁殖の成功という成果が得られるなら、大きな触角には価値がある。いろいろな意味で、蛾の大きな触角は孔《く》雀《じゃく》の尾羽に似ている。きらびやかな尾羽はたしかに孔雀のオスの移動の邪魔になるが、大きな尾羽はもつオスは、尾羽が小さいオスよりもメスにはずっと魅力的に見えるのだ。

蛾のメスは、オスのなかでももっとも鼻が利く個体を選ぶことによって、最高の嗅覚の持ち主の遺伝子を子孫のために手に入れる。その結果、彼女の息子たちもすぐれた嗅覚の持ち主となる可能性が高い。これは「セクシーな息子仮説」と呼ばれるもので、メスは、すぐれた特性をもつオスと交配することにより、同様の特性をもつ息子を得ることができるということだ。すぐれた特性を受け継いだ息子は、繁殖に成功して生き延びる可能性が高く、母親の遺伝子を将来の世代により効率的に伝えることができる。進化はこのような形で、自分を見つけて交配したがっているオスに多大な進化的圧力をかけるメスの味方をしている。また進化は、よりすぐれた嗅覚をもつオスを優遇する。

リスクを評価する

オスはどうだろう？　魅惑的なメスを探す長い旅に出るオスは、大きなリスクを負っている。オスは飛行中、飛ぶ昆虫を捕獲するのに長けた鳥やコウモリの目にさらされている。そしてそれらの脅威に対抗するために、蛾はコウモリが発する音を検知できる二つの耳をもつようになった。近づいてくるコウモリの音を察知したら、蛾のオスは回避行動を取る。しかしときに彼は、犠牲を払ってでも利益を取る決断をすることがある。自分がメスのすぐそばまで来ていると――つまりもう少しでセックスできると――わかったときは、メスが遠くにいるときに比べてコウモリを理由に探索の旅を中止することが少なくなる。オスは、捕食者の餌食となる危険と交配のチャンスを手にする幸運を天秤にかけているのだ。

蛾を狙う外敵たちは、メスの香りへのオスの強い執着をうまく利用している。たとえばナゲナワグモは、その執着を利用した非常に巧妙な狩りの手法を編み出した。ナゲナワグモはベタベタした小さなボール、つまりなげなわを作り、蛾のメスがオスを誘うために分泌するのと同じ化合物をその上に塗りつける。その後クモは細い枝の上で待機して、このなげなわをクモの糸につけて垂らす。風上に魅力的なメスがいると思い込んで蛾のオスが近づいてくると、クモはオス目がけてなげなわを揺らし、それにくっついたオスはたぐり寄せられ、あっという間に貪り食われてしまう。前の章で説明した専門用語で言えば、ナゲナワグモがおとりに使った匂いは、送り手に利益をもたらすアロモンである。

蛾のオスがメスを探す旅は明らかに危険で、時間とエネルギーを奪われるものだ。しかし最後には、それだけの価値があるものとなる。オスにとって、メスはめったに出会えない特別な資源であり、うまくメスを探し当てられれば、得られるものは相当大きい。オスは自分の遺伝子を、そのメスが産むすべての卵に伝えられるのだから。

種によって異なるフェロモン成分

コミュニケーション手段としては、フェロモンによるこの情報伝達はある意味非常に効率的である。数え切れないほどの蛾のつがいが、付き合って交配するために毎年この方法を使っている。しかし彼らは、おたがいをいったいどのように見分けているのだろう？　自然界には何千種もの蛾が存在している。そのすべての種が、同一のコミュニケーション法を使っているのなら、オスの蛾はしょっちゅう別の種のメスの元に飛んでいって時間を無駄にしてしまうだろう。もちろんそんなわけがない。蛾のそれぞれの種のメスは、その種独自の、特別な成分で構成されたフェロモンを分泌し、オスは種特有のフェロモンの匂いを鋭敏に認識する嗅細胞をもっている。つまり、蛾はその種独自の嗅覚的言語を保有しているのである。

一九五九年に、ノーベル賞受賞者アドルフ・ブーテナントによって蛾のフェロモンがはじめて発見されると、それは大きな話題となった。ブーテナントは、カイコガ五〇万匹分のフェロモン腺を分析してそのフェロモン物質、ボンビコールを同定した。当時は、蛾はその種ごとに異なる独自の化合物をフェロモン物質としていると考えられていた。しかし後に、それは誤りであることがわかった。蛾は、限られた数の匂い分子のスペクトルを合成し、揮発性のメッセンジャーとして利用している。蛾は、フェロモンにその種の特異性をあたえるために、メスは進化の過程で、特殊な化学構造をもつフェロモンを合成するようになった。一方のオスは、ほかの種が放つ化学的雑音に邪魔されることなく、自らと同種のメスを間違いなく見つけられる情報処理システムを進化的に発達させてきた。

蛾の行動観察では、しばしば風洞が用いられる。風洞の多くはパースペックス〔透明な熱可塑性合成樹脂〕製のトンネルで、内部にゆっくりとした空気の流れが作られている。風上から、メスが放つ匂いに似せて作られた多様な合成化合物を投入することができる。その後オスを風下から風洞内に入れてみると、オスはかならず定型的な飛び方をする。これは、オスが進化的に体得したメス探しに最適な飛び方だ。オスは、地表との関係で自分がどれだけ飛んだかを確認しながら風上に向かって飛んでいく。メスから立ち上ってくる匂いの上昇流を見失ってしまったときは、オスは臭跡を探し回る行動を開始し、匂いがわからなくなってから時間が経つにつれて、それはより広範囲に広がっていく。そうすることによって、メスの匂いを再発見できる可能性を高めているのだ。メスの匂いを再び見つけたオスは、間髪を置かず風上へ猛進する。この追跡行動はオスがメスを見つけ、着地して交配を成し遂げるまで、何度も繰り返される。

科学への目覚め——隣り合わせの危険

わたしは、研究室で蛾の触角上の単一嗅細胞の反応を測定していたときに科学に目覚めた。これまでだれも——一度として——見たことがないものを見ているという事実に、胸が高鳴った。何かを最初に見つけること。それこそがまさに科学の真髄なのだ。蛾の性フェロモンの研究というと、危険とは無縁の研究分野だと思われるかもしれないが、かならずしも安全とは限らず、間違いなくある種の危険はある。フィールド調査中はとくにそうだ。

蛾の嗅覚研究の真の先駆者であるエルンスト・プリースナーは、一九九四年の七月に謎の失踪を遂げた。彼はフィールド調査にとくに熱心で、ヨーロッパ中で常時調査を行なっていた。彼は、調査旅行に出かけたドイツのガルミッシュ＝パルテンキルヒェン周辺の高山地帯で、昆虫用のわなを仕掛けて捕獲状況をチェックしていたときに行方不明となった。オーストリアの生化学者であるプリースナーは、昆虫の嗅覚の生理学、生化学、生物物理学的研究の専門家でありフェロモンの生合成にも詳しかった。彼はまた、ドイツのゼーヴィーゼン地区にあるマックス・プランク行動生理学研究所の所員でもあった。

要するに、プリースナーはこの分野におけるさまざまな飛躍的進歩の基礎を築いた人物であった。なにしろ彼は、昆虫の嗅覚研究の事実上の創始者であり、一九五〇年代に昆虫の鋭い嗅覚の裏に潜むメカニズムを解明しようとした最初の研究者でもあるドイツの生物学者、ディートリッヒ・シュナイダーの弟子の一人でもあったのだから。

プリースナーが予定の日を過ぎても戻ってこなかったので、地元の山岳救助隊が急派され、多数の捜索チームが送り出されたが、残念ながら成果は得られなかった。彼は見つからなかった。

不釣り合いな追跡とメスの選択圧

長い進化の過程を経てあらたな種が生まれる。そしてフェロモンの変化が、こうした種分化をうながす一つの要因である可能性がある。しかしいったいなぜフェロモンは変化するのか？　普通なら、コミュニケーション・システムはずっと安定的に保たれるべきだ。放つ香りや好みの香りを変えたオスやメスは、パートナーと出会えずに終わるリスクを抱えることになるだろう。それにもかかわらず、変化はたしかに起きている。こうした変化が起きる理由を説明する、「不釣り合いな追跡」と呼ばれる理論がある。この理論は、どんなメスにもそれを追うオスが存在するという事実に基づいている。

つまり、突然変異によってメスがいつもと異なる匂いを発するようになっても、パートナー探しに躍起になっているオスの中には、あらたな香りを追う者がかならず何匹か存在するということだ。かくして、集団の中に、あらたなフェロモンを放出したりそれに反応したりする個体が生じはじめ、長い年月をかけて新しい種が生まれるのである。

ヨーロッパには、こうした長い変化の過程の末に、同じ種のなかに異なるさまざまな匂いを放つ個体が現れた例がある。スウェーデンのカブラヤガをフランスやブルガリアの同種の蛾と比べてみたところ、オス、メスともに放つ匂いや好む匂いが明らかに異なっていた。つまり、フランスのカブラヤガのメスはブルガリアの同種のオスに「匂いで話しかける」ことはなさそうだったし、逆もまたなさそうだった。同種の蛾はサハラ砂漠の南側にも分布する。ジンバブエでは、カブラヤガのフェロモン臭の大部分が、進化の過程で失われていた。この変化は地形的に孤立している条件下で生じたもので、あらたな匂いの方言または言語が生じたのだろうと思われた。なかには、新種の可能性を検討しはじめられるほど匂いが異なっているものもあった。

またいくつかの種では、フェロモンの送り手と受け手が交代している。オスが匂いを発し、メスがそれを追う。しかしながら、リスクを負うのは相変わらずオスであることが多く、熱帯地方のある種の蛾がそのよい例である。その種は、オスの蛾が集団で木からぶら下がり、お尻の先から大きな器官を押し出す。この器官からフェロモンが分泌され、するとメスは、このオスの集団に引き寄せられる。

この行動は、ほかの動物に見られる求愛行動に似ている。それらの動物では、オスが集まり、誘引されてきたメスに向かって集団で誇示行動を行う。するとメスは、ある種の情報信号やオスの所有物を元に交配相手を選び出す。木からぶら下がるこの蛾の場合は、匂いを放出するこの器官の大きさが決め手となっているのかもしれない。

蛾と生態系

性フェロモンは、蛾という魅力的な生物の一側面に過ぎない。蛾には、受粉媒介者の側面もある。花が香りで受粉媒介者を誘っていることはよく知られている。植物のタバコの場合、受粉媒介者はスズメガである。スズメガは花の香りをどのように感知し――その香りは蛾の行動や花と蛾の交互作用にどんな影響をあたえるのか？　この疑問を解き明かすべくいくつかの興味深い実験を行なったところ、驚くべき結果が得られた。

実験では、遺伝子制御によって香りを操作し、香りのないタバコと香りのあるタバコを準備した。その後、スズメガが香りのないタバコと香りのあるタバコのどちらを選ぶかを観察し、その飛び方や花への接近回数、花との接触回数を分析した。実験は、最先端の風洞と自由に飛び回れるテントの両方で行われた。スズメガは、香りのない花をたびたび訪問し、彼らがその花の存在に気づいていることがわかったが、受粉を成功させるほど長くは香りのない花に留まらなかった。結果的に香りのない花はほんの少ししか種を作らず、それは、香りのある花に比べて、蛾から受けた受粉サービスが少なかった――訪問回数は同じくらいだったにもかかわらず――ことを示している。

香りのある花では、スズメガが吻《ふん》〔長く突き出たくちさき部分〕で花の内部を探る時間がずっと長く、それが受粉の成功率の高さにつながったことがわかった。さらに、花への訪問一回あたりに、集められた花蜜の量もより多かった。この実験から、花に接近後、スズメガが花の香りを重要な判断の決め手としていることが明らかになった。おそらく彼らは、花の香りはその花から得られる花蜜の量を反映していることを知っていたのだろう。

風洞を使った実験と、自由に飛び回れるテントを使った実験を繰り返し、その結果を神経生理学的、解剖学的、遺伝学的に評価した結果、スズメガの吻に花の香りを感知する機能があることがわかった。じつは、長い吻は、触角上にある嗅覚受容体が匂いを感知する妨げとなり、そこでスズメガは、鼻と舌の両方の機能をうまく併せもつ吻を使って、花のすぐそばで香りを嗅ぎ、報酬として甘い蜜を吸い上げている。花の奥にうまく潜り込む手段として、蛾は舌で匂いを嗅いでいるのだ。

吻を使って間近で花の香りを嗅ぐことによって、スズメガは効率的に腹を満たすことができ、それは生態系にも大いに役立っているのである。

解決策を探して

蛾は、受粉媒介者であると同時に、作物に甚大な被害をあたえる害虫でもある。アフリカでは、作物を貪り食うツマジロクサヨトウが全土に大発生し、さまざまな作物が大きな被害を受けている。トウモロコシに穴をあける多様な種類の蛾やオオタバコガなども同様の被害をもたらしている。あらゆる農作物が、多かれ少なかれ蛾の攻撃を受けている。森林でも同じことが起きていて、ギョウレツケムシガやマイマイガが木の葉を食い荒らしている。また多くの人が、自宅で小さな蛾に遭遇したことがあるはずだ。彼らは乾物や衣類を食い散らしている。

フェロモンが、これらすべての問題の有効な解決策となるのではないかと考えられてきた。しかし今のところ期待どおりの成果は上がっていない。ある種の蛾については、フェロモンを使った対策が成功しているが、ほかの種ではうまくいっていない。もっともよく知られているのは、交配の妨害を目的とする対策だ。これは、周囲にあまりにも多くのフェロモン臭が漂っていると不活発になってしまうオスの特性を利用したものだ。

オスが不活発になれば交配は行われない。すると幼虫は生まれず、作物は被害を免《まぬか》れる。いま現在は、作物自体がフェロモン臭を放出し、自ら害虫の交配を妨げるようにする実験も行われている。これについては第14章で詳しく述べる。

蛾がもたらすこれらの負の影響の大部分は、人がはじめた単一作物栽培や、人がさまざまな種をうっかり別の環境に持ち込んでしまったことに起因する。本来は、蛾は貴重な受粉媒介者であり、多くの鳥や哺乳類の食糧源でもある。さらに、夜間に見るその姿はとても美しい。ブラックライトと白い紙を用意して、読者もいつか観察してみてほしい。たくさんの新しい出会いがあるだろう。

第8章

小さいハエさえも

パーティの翌朝。ワイングラスがあちこちに残されている。いくつかのワイングラスの上には、あの嫌らしいショウジョウバエが何匹も舞っている。グラスの中を覗くと、すでに死んで赤ワインに浮かんでいるものもいる。そんな光景を見ているあなたには信じられないかもしれないが、あなたの家のキッチンをうるさく飛び回り、ワインに浮かぶその小さな生き物は、研究の世界では偉大な存在なのだ。彼らは世界でもっとも貴重なモデル生物の一つなのである。

ショウジョウバエは、分子レベルの分析からフィールド調査にいたるまでの、嗅覚の原理についてのさまざまな洞察の源だと言える。研究の現場では彼らはその正式な学名、Drosophila melanogasterで知られている。

しかし、まずは先ほどのキッチンとワイングラスに話を戻そう。ハエはどういう経緯でワインの中で溺れ死ぬことになったのか？　そしてそれはなぜなのか？　それにはこの種の名前がよいヒントになる。このハエは、そして近縁のその他の多くのハエも、果実蠅（fruit flies）のなかでもとくに酵母蠅（yeast flies）と呼ばれる種なのだ。彼らはさまざまな種類の発酵産物に強く引き寄せられる。ショウジョウバエは果実に生じた酵母を好み、ワインはブドウを発酵させたものだから、そこから放出される匂い分子にハエは魅せられ、その源へと誘われるのだ。

あなたも、果物を盛った鉢に群がるあの煩《わずら》わしいハエを退治するためのハエ取りを作って、自分の目で確かめてみるといい。多くの店やオンラインショップでも、工夫を凝らしたハエ取り器がすぐに見つかるが、自分でも簡単に作れる。

・小さなグラスにバルサミコ酢一〇ミリリットルと水九〇ミリリットルを入れ、洗剤を一、二滴垂らす（洗剤はなるべく匂いが少ないものがよい）。
・ハエが飛び回っている場所の近くにこのハエ取り器を置く。
・数時間後には、飛んでいたハエのほとんどが死んでいる――溺れてグラスの底に沈んでいるのを見ることになる。

なぜこれほどの効き目があるのだろうか？　バルサミコ酢の香りは、ショウジョウバエにとってたまらなく魅力的なのだ。普通であれば、ハエはとても軽いので、水の表面張力を利用して溺れることなく水面に止まっていることができる。しかし、水とバルサミコ酢の混合液に洗剤を落とした途端、表面張力は失われてしまうのだ。そして小さなハエは液体の中に沈んでしまう。姑息なやり方かもしれないが、効果は抜群だ。

わたし自身は研究をさらに先に進めている。ショウジョウバエを魅了する匂いを詳細に分析した結果、ハエにとってたまらなく魅力的なこの匂いが、異なるおよそ五種類の匂い分子で構成されていることを突き止めた。しかしその前に、わたしがハエをモデル生物に選んだ理由を詳しく話そう。

完璧なモデル生物

ハエは小さいかもしれないが、ある種のシンプルな複雑さをもつ生物である。科学者はハエのどこに惹かれるのか？　たとえばハエの嗅覚系は、研究者にとって神経単位ごとに詳細な分析がしやすい作りになっている。それに加えて、ハエの遺伝系は一九〇〇年代の初期から研究と分析が進められてきており、遺伝系を操作するための多数のツールが存在する。そして最後の非常に重要な点として、彼らは世代交代がとても速い。ほんの数カ月間で、何世代ものハエを作り出すことができるので、進化や遺伝子操作の研究対象としてうってつけなのだ。

ショウジョウバエは、嗅覚研究のモデル生物として、ほかのどんな生物よりも頻繁にその嗅覚のしくみを詳細に分析されてきた。触角や触肢上にある、匂い分子を検知するすべての嗅細胞が、細部にいたるまで徹底的に調べられてきた。たとえばそれがどんな受容体を発現するのか、その受容体がどんな分子を検知し、そのメッセージは脳のどの部分に届けられるのかといったことだ。

ハエの触角にはおよそ一二〇〇の嗅細胞があり、それぞれ、およそ六〇種類の嗅覚受容体うちの、一、二種類の受容体を発現している。受容体が受け取った匂いの情報は脳の嗅覚中枢である触角葉に送られ、そこにある球状の組織、糸球体で入力情報と出力情報が出会う。個々の糸球体は、特定の匂い分子のスペクトルについて情報処理を行う機能ユニットである。匂い分子のスペクトルは、単分子から複数の分子の集合体まで多岐にわたる。

匂い物質が触角で検知されると、触角葉の糸球体が集合する領域上に匂い地図が作られる。この地図は、記憶を保存し本能行動をコード化する機能をもつ脳の上位中枢に送られる。ほとんどの匂い分子は複数の嗅覚受容体によって検知されるため、触角葉に並ぶ糸球体はピアノの鍵盤のように活性化し、たった六〇種類の嗅覚受容体を用いて、数え切れないほど多くの匂いをコード化する。

ネズミが鼻以外の複数の器官で匂いを知覚しているように（第8章参照）、ハエも匂いを嗅ぐための第二の器官をもっている。それは触肢である。ハエの口の周りにあるこの触肢は、長いあいだ、間近で匂いを嗅ぐための特別な機能をもつと考えられてきた。

しかし最近になって、触肢はどちらかというと第二の触角で、はるか遠くにあってハエを誘引する匂いを検知していることがわかってきた。嗅覚が二つの異なる部位にある理由は、まだよくわかっていない。

鼻の中の記憶

鼻や触角にある、匂い分子を検知する働きをする小さなタンパク質に関しては、昆虫の右に出るものはいない。長い進化の歴史の中で、昆虫は嗅覚系にあらたな機能を発達させてきた。人の鼻では、嗅覚受容体が匂い分子を確認すると電気的神経信号が発生し、信号は細胞膜を貫通するイオンチャネルを通して脳に送られる。一方昆虫では、このイオンチャネルの機能が嗅覚受容体自体にあるため、安全かつ迅速に化学信号を電気信号に変換することができる。

さらに興味深いのは、昆虫の特殊な嗅覚系は、触角に短期記憶の機能も備えていると思われることだ。微弱な匂い刺激——あまりに弱くて電気的信号を引き起こさないもの——が嗅細胞を一度だけ刺激した場合、嗅細胞はそれ以上のどんな反応も示さない。ところが、同様の刺激を一定の期間内に再度受けたときは、嗅細胞はそれに反応して電気信号は脳へと伝えられる。一度きりの弱い刺激なら、おそらく心配はいらないが、それが繰り返されるなら何か問題がある。一度なら無いに等しいが、二度は多すぎる、というわけだ。

ただの実験用生物ではない

わたしは、ハエの嗅覚を生態学的に研究してきた。言い換えれば、ハエを動物として理解したいと考えていて——遺伝子工学的実験のための単なる空飛ぶ試験管として関心をもっているわけではない。研究を進めるなかで、いくつかの興味深い事実があらたにわかってきた。なかでももっとも重要な発見は、ハエの生存の秘密を解き明かすものだった。

わたしたち研究チームは、ハエの生存や繁殖に関係するいくつかの重要な匂い分子は、複数の嗅覚受容体に共通してコード化されてはいないことを発見した。あのピアノの喩えで言うと、多数の受容体を使って匂いを検知するのは、ピアノで和音を弾くようなものだ。しかしそうではなく、いくつかの匂いは、たった一つの、それに特化した経路で検知されている——あたかもピアノの鍵盤の一つだけを押すように。このようなしくみが存在することは、第7章の蛾の性的コミュニケーションの項でもすでに見てきたが、こうした例はほかには知られていない。

わたしたちの研究チームが最初に発見した驚くべき例は、ハエがもつジオスミン検知システムだった。読者はジオスミンを知らないかもしれないが、人もまたこの匂いにはとても敏感だ。低濃度では、この匂いは耕したばかりの畑のようなよい匂いに感じられる。しかし高濃度になると、コルク不良のワインやカビ臭い地下室のような匂いとなる。ハエには、この匂いだけに特化した——そしてほかのどんな匂いにも反応しない、たった一つの特別な受容体があることがわかった。しかもこの受容体は、非常に低濃度のジオスミンも検知できるのだ。それはなぜなのか？

生き延びるための戦略を作動させる

実験を重ねた結果、ハエは、このジオスミンを検知するシステムを腐った果物を回避するために使っていることがわかった。先に述べたように、ハエは発酵した果物に生じる酵母菌を食糧としているため、常にほどよく傷んだ果物を探している――腐りかけているが、腐りきってはいないものを。腐敗が進みすぎると、細菌や糸状菌などの微生物が果物に侵入してくる。これは、ハエの成虫にとっても幼虫にとっても命に関わる事態だ。危険なほど腐敗した果物に対するハエの反応は、冷蔵庫を開けて、何週間も前に入れたまま忘れていた夕飯のおかずを見つけたあなたが示すはずの反応とよく似ている。わたしたち人間もまた、腐った食べ物を食べないようにする強力な回避システムをもっているのだ（第2章参照）。

ハエの場合は、どんなふうに回避システムが働くのか？　ジオスミンがそれに関わっている。ジオスミンはコルク不良のワインの香りだが、毒性の強い細菌や糸状菌の匂いでもある。

ハエの触角上の嗅細胞がこの悪臭を検知すると、電気信号が脳に伝わり、このような状況に特化した唯一の経路にまっすぐ送られる。生態学的ラベルドライン〔生態学的に重要な匂い物質が特定の受容体を活性化し、一定の行動を発現させる脳の回路〕と呼ばれるものだ。ジオスミンに関するこの情報が、それ以外の情報と混ざることはない。「そっちへ行っちゃだめ！　離れて！」という特別な警報信号として、ほかの情報とは別に管理される。

このジオスミンを検知する嗅細胞に、光または気温への高い感受性をもつイオンチャネル〔細胞膜にあるイオンを透過させる役割をもつタンパク質〕を差し入れる実験を行なったところ、光や熱で人為的に嗅細胞を活性化することによって、ハエにとって抗しがたい魅力をもつはずの食べ物への誘引が妨げられることが明らかになった。また同様に、突然変異によってジオスミンを検知する受容体を失ったハエや、あるいはジオスミンを作り出す酵素をもたない糸状菌を使って実験してみたところ、この警報信号は作動せず、ハエは腐った食べ物を食べて死んでしまった。

ハエは不運を背負っているのか？

ハエ（むしろハエの幼虫の）命を脅かすもう一つの脅威は寄生蜂である。この小さな昆虫はハエの幼虫に卵を産みつけ、卵から孵ったハチの幼虫はハエの幼虫を生きた食糧保管庫代わりにして成長する。厳密に言うと、ハチの幼虫はハエの幼虫を殺してしまうわけだから、本当の意味での寄生虫ではない。寄生虫は宿主から栄養を取って生きるが、宿主を殺しはしないからだ。宿主の命を奪ってしまうものを偽寄生虫と呼ぶ。

自然界では、この偽寄生虫に寄生されているハエの幼虫は、全体の八〇パーセントにも及ぶ。彼らは不運を背負っている。読者の想像どおり、だからハエは偽寄生虫への対応策を発達させる進化的圧力にさらされている。わたしたちは、ハエの幼虫がもつ、嗅覚を使ったある対応策を発見した。ハエは、偽寄生虫の性フェロモンだけを検知する別の生態系ラベルドラインを、嗅覚系にもっているのだ。

ハエは偽寄生虫のフェロモンの匂いを感じると、そこから飛び去る。そしておもしろいことに、ハエの幼虫も同様の反応を見せる。幼虫の小さな嗅覚がフェロモンの匂いを検知すると、幼虫は身をくねらせながらその場からどんどん離れていく。身を捩《よじ》ることには、偽寄生虫のメスに卵を産みつけられにくくする効果もある。

触角や鼻にある嗅細胞は、通常それぞれ一種類の嗅覚受容体を発現させると考えられている。しかしハエの成虫がもつ偽寄生虫を検知する受容体はこのルールに従っていない。わたしたちは、同じ一つの嗅細胞に、異なる二種類の恐ろしい敵が放出するフェロモンを検知するための、異なる二種類の受容体が発現していることを確認した。このことは興味深い事実を示している。それは、まったく同一の神経経路を、ハエにとって否定的な意味をもつ二種類の匂いを検知するために使うことが可能だということだ。ハエにとっては、幼虫を殺そうとしているのがどの種であるのかは、それがAであろうがBであろうがどうでもいいことだ。ハエが知っているのは、それらの匂いを感じたら急いでどこかへ立ち去ったほうがいいということだけなのだ。

メスの場合

ラベルドラインはすべて、好ましくない匂いを検知するために生まれたものなのだろうか？そんなことはない。たとえば、メスのハエがまったく別の、しかしやはり重要な匂いを検知するための特別なラベルドラインをもっていることを、わたしたちの研究チームが発見した。

匂いで危険を嗅ぎつけて命を守る、という非常に重要な能力のほかにも、生物はきわめて大切な機能をもっている。繁殖である。そしてハエのメスの場合は、卵を産みつけるのに最適な場所を見つけることが重要だ。幼虫はそれほど遠くまで移動できないから、彼らの生存は、母親が適切な産卵場所を選んでくれるかどうかにかかっている。

この特殊な状況に応じて発達したのが、研究チームが発見した、柑橘類の果物の匂いを検知するための特殊なラベルドラインである。柑橘類はあらゆるショウジョウバエにとって非常に魅力的な果物だ（キッチンを眺めれば一目瞭然だろう）が、妊娠中のメス――卵をもっているメス――にとってはとくにそうだ。このときメスを誘引しているのは、レモンの成分であるリモネンやオレンジに含まれるバレンセンの匂いである。

これについては、実験室での予想外の偶然の出来事が必要な補強証拠となった。誘引についての一般研究に当たっていた一人の学生が、ハエを風下から小さな試験管の中に入れる装置を使って実験を行なっていた。あるとき、その学生が研究室にいるチームリーダーの一人に変わったお願いをしにやってきた。彼女は、リモネンを使った実験をやめていいかと尋ねた、というか懇願した。試験管がいつもメスの卵だらけになってしまい、掃除するのに時間がかかってしょうがない、と彼女はこぼした。もちろんこれは、リモネンが、試験管内のメスの脳の、産卵をうながすラベルドラインを刺激したせいであり――メスたちは自然の成り行きで、その場ですべての卵を産み落としたのだ。

進化の観点から考える

この種の研究では、常に進化の観点から考えることが重要だ。前述したシトラスの香りに特化したラベルドラインについても、わたしたちは、それが進化の観点から意味をなすかどうかを検討してみた。ショウジョウバエはアフリカで進化してきた。一方柑橘類はアジア産である。ハエが（進化の過程で）周辺環境に存在しない何かを検知するシステムを獲得するのは至難の業だろう。

この事実に気づいたわたしたちは、アフリカ産の変わった果物を次から次へと輸入する大規模な計画に挑戦し、それらのすべてから匂いを収集した。そしてついに、見た目も香りもオレンジにそっくりだが、その他の点ではまったくオレンジと関係のないアフリカの果物を見つけ出した。それはアフリカン・スクイレル・ナツメグという果物だ。ハエが、柑橘系の果物とよく似た香りをもつこの果物への嗜好を進化的に獲得してきた可能性は十分にある。つまり、ハエが人の共生生物として、アフリカから世界のほかの土地に入ってきたときには、すでにあらゆる種類の柑橘類への嗜好をもっていたということだ。

ほかにもいくつかのラベルドラインが、匂いの風景の中でのハエ暮らしを支援し、必要なものを見つけたり、外敵や有毒なものを回避したりするのを助けている。すでに述べたように、特殊な嗅覚系は性的コミュニケーションに関わっていることが多い。性的コミュニケーションにおいては、自分と同種のパートナーを、ほかのだれかに横取りされる前に見つける必要があるため、この嗅覚系は敏感かつそれだけに特化したものでなくてはならない。実際さまざまな種類の昆虫について、それが事実であることが確認されている。ショウジョウバエの場合も、交配のための嗅覚系があって、オス、メス間の交互作用に重要な働きをしている。

オスは、交配後、確実に自分の子どもが産まれてくるようにするための、特別効果的な方法を発達させてきた。交配の最中に、オスはメスにある特殊な匂いを付着させる。この匂いには、ほかのオスにそのメスへの性的興味をすっかり失わせる効果があり——交配後あまりに早く、別のオスがそのメスと交配しようとするのを防ぐことができる。この「あまりにも早く」というのは、先に交配したオスの精子が仕事を終わらせる前に、別のオスの精子がそれに取って代われるぐらい早く、という意味だ。

これらの例から、匂いは嗅覚系によってさまざまな形で検知され、コード化されていることがわかる。ほとんどの一般的な匂いは、複数の異なるイオンチャネルによって検知され、それらの組み合わせが匂いの情報を形成する。一方、生存およびもしくは繁殖にとって非常に重要な意味をもつことが多いいくつかの匂いは、それだけに特化した生態学的ラベルドラインによって検知され、情報化されている。

より深い理解

進化を理解したければ、とくにある動物がその固有の暮らしにどのように適応してきたのかを知りたいと思うのなら、その動物と近親でありながら異なる生活様式をもつ種を大量に研究する必要がある。そして果実蠅（ショウジョウバエもその仲間だ）ならそれができる。果実蠅には、多少なりとも近親にあたるものが一〇〇〇種以上いるからだ。その多くは、ショウジョウバエ同様腐りかけた果物に誘引されるが、自然界にはそれ以外のものに引き寄せられる果実蠅が多数存在している。

彼らはじつにさまざまな種類の果物や野菜を好むが、なかには陸生のカニのエラや、チスイコウモリの糞化石につくものまでいる。わたしがこれまで研究してきたなかで、とくに興味深い二種類を紹介しよう。一つはほかのすべてのハエの命を奪う果物に棲みつくもの、そしてもう一つは、腐りかけた果物ではなく新鮮な果物を好むものだ。

タンザニアの沿岸部からおよそ一七七〇キロメートル沖合のインド洋に浮かぶ島、セーシェル諸島では、ある特殊な種類の果実蠅を見つけることができる。セーシェル・ショウジョウバエ（学名 Drosophila sechellia）という、とてもわかりやすい名前をもつハエである。わたしたち研究者がこの種に興味を惹かれるのは、その食餌内容のせいだ。このハエは、ほぼ一種類の果物だけを食べて生きている。モリンダあるいはノニ・フルーツと呼ばれる、低木や小高木に実をつける果物である。この果物は、パイナップルとゴルゴンゾーラ・チーズを混ぜたような非常に変わった香りを放つ。この香りは、特殊なエステルの産出量の多さと、酸性成分のそれ以上の多さに起因する。

不思議なことに、ノニ・フルーツを食べたほかの種のハエのほとんどは酸性成分があまりにも多すぎるせいで死んでしまう。しかしこのセーシェル・ショウジョウバエは、ほかの種には毒となるこの果物だけを常食するようになった。ちなみにこの果実とその果汁は、人のさまざまな慢性疾患に非常に高い効能をもつと考えられている。

興味深かったのは、このセーシェル・ショウジョウバエの触角を詳しく調べたところ、モリンダ・フルーツが放つ特殊な匂い物質を検知する嗅細胞の数がショウジョウバエに比べて多いだけでなく、その特性も変化していたことだ。また脳の内部でも変化が起きていた。ノニ・フルーツの匂いの情報を処理する糸球体が、より大きくなっていたのだ。嗅覚系全体が、このハエにとっての唯一の食料源を検知することにかかりきりになっていた。ハエの鼻と脳は、パイナップルとゴルゴンゾーラの混ざった匂いに特化した超高性能の検知器となっていた。

なぜこうした特殊化が起きたのか？　まず、モリンダ・フルーツはこの島のどこにでもある植物で一年じゅう実をつける。第二に、セーシェル・ショウジョウバエは、産卵のための栄養源としてモリンダ・フルーツだけに頼っていることがわかった。さらに、このハエを詳しく調べたところ、パーキンソン病に似た突然変異を起こしており、その結果、神経伝達物質であるドーパミンの分泌量が非常に少なくなっていた。

モリンダ・フルーツの産卵への効果は非常に大きい。合成飼料で成長したハエは、ほとんど卵を産まなかった。また、モリンダ・フルーツは高濃度のL・ドパを含有し、この化合物には、ドーパミンの活性を抑制する突然変異に打ち勝つ効果が期待される。じっさい、モリンダ・フルーツを含有する餌をあたえられたハエは、大量の卵を産んだ。セーシェル・ショウジョウバエは、長い進化の過程で、モリンダ・フルーツを食べて自ら不妊を治療する方法を身につけたのである。同時に、有害な影響をもたらしかねない果物を食べられるようになるために、このハエは酸性に対する非常に強い耐性も発達させねばならなかった。この二つの異なる進化過程がどのように関連しているのか、またどちらが原因でどちらが結果なのかは、今もよくわかっていない。これもまた、ニワトリが先か、タマゴが先かのジレンマである。

あらたな発達、あらたな危険

最近よくニュースに取り上げられ、世界中の関心を集めているもう一つの種の果実蝿は、翅《はね》に斑点があるオウトウショウジョウバエ（学名 Drosophila suzuki）である。なぜ今、このハエが注目を浴びているのか？　それは、このハエがあらたな生態的地位に、すなわち、わたしたち人間と直接競合する場所に侵入してきたからだ。

東南アジア原産のこの翅に斑点をもつハエは、果物の世界的流通のおかげで、今や北米や南米、アフリカやヨーロッパにまで広がっている。そして世界中で高価な作物を食い荒らしている。彼らはぶどう園にも入り込んできた。問題は、近縁の多くのハエが腐りかけた果物を好むのとは異なり、この種のメスが新鮮な果物に誘引されることである。しかもメスたちは、イチゴやブルーベリー、ラズベリー、サクランボなど皮が柔らかい小果実を好むのだ。

オウトウショウジョウバエのメスは、これらの小果実を産卵場所としている。そして、このハエもまた、この小果実を見つけられるように嗅覚を進化させた。彼らは発酵していない果物およびベリー類や果物の葉が分泌する特別な匂いの化合物を検知することができるのだ。このハエが、低木や小高木に生《な》っている状態の果実を狙うのを見ればわかる。彼らのこの行動は、作物により大きなダメージをあたえている。それとは対照的に、果実蠅のほかの種は腐りはじめた果物——つまり食品産業にとってはもはや価値のない作物——に卵を産みつけることを好む。

オウトウショウジョウバエだけが、熟しかけた果物の匂いに引き寄せられる唯一の種となった理由とは？　このハエが、この時期の果物を覆う硬いガードを突き破れる唯一の種だからだ——食べ頃の果物は、腐りかけた果物と比べると、ハエの攻撃に対してずっと強い抵抗を示す。しかしハエは、そのガードを破るためだけに発達させた秘密兵器をもっている。オウトウショウジョウバエのメスは、卵を産みつけるための器官、産卵管を進化的に発達させ、驚くべきことにそれは小さなノコギリのような形状をしているのだ。メスはこの産卵管を使って果物の外皮を切り裂き、その後内部に卵を産みつける。ノコギリを振り回すこの侵略的な害虫は、果物産業に多大な経済的打撃をあたえてきた。ベリー類や果菜類は、何十億ドルもの被害を被ってきた。

いま紹介してきたのは、果実蠅の異なるさまざまな種を研究するなかでわたしたちが知った、数え切れないほど多くの彼らの生活様式のほんの数例だ。彼らが示すそれぞれ特殊な適応の仕方は、特殊な環境や食物選択が、彼らの嗅覚系を特定の差し迫った必要性にさらし、結果的にそれが異なるさまざまな方向への進化につながったということを理解する稀有なチャンスをわたしたちにあたえた。もしもあなたが酵母を食べて生きているのなら、あなたの鼻は発酵を示す匂いを感知できなくてはならない。モリンダ・フルーツを主食としているなら、この変わった果物が放つ特別な香りを嗅ぎつけられる必要がある。チスイコウモリの糞化石の中で暮らしているとしたら、その場合もあなたの鼻が嗅ぎつけるべき匂いはどんなものなのか、なんとなく想像はつく。

第9章

血の匂いを嗅ぐ蚊

地球上には危険な動物がたくさんいる。危険と聞いてまず思い浮かぶのはトラやサメ、ワニ、その他の大型の捕食動物だ。しかし実を言うと、人間にとっての最大の殺し屋は小さな昆虫、マラリア蚊であり、あるいはむしろ、その蚊に媒介されて人の身体に侵入し、マラリアを引き起こす小さな単細胞生物、マラリア原虫なのだ。

世界保健機関（ＷＨＯ）によると、二〇一八年には年間およそ二億三〇〇〇万人がマラリアに感染した。そしてそのうちの四〇万人以上が死亡している。残念なことに死亡者のおよそ三分の二が五歳未満の子どもだった。蚊が媒介するそれ以外の疾病、たとえば黄熱病やデング熱、チクングンヤ熱、そしてジカウイルスによっても、さらに三〇万人の命が奪われている。見方によれば、人にとってもっとも危険な陸生の大型野生動物はカバで、アフリカでは毎年五〇〇人が命を奪われている。しかし人類の起源に遡《さかのぼ》ってより長期的に見ると、蚊が媒介する疾病によって命を落とした人はおよそ五四〇億人にのぼると考えられていて、それはこの地球上で暮らしてきた男女のおよそ半数に当たるのだ！

マラリア蚊――地域によって媒介する蚊の種も異なることを考えると複数の種のマラリア蚊――は、すべてハマダラ蚊属の蚊である。ここからは、マラリア蚊と、病の連鎖に彼らが果たしている巧妙で致死的な役割に限定して、蚊の嗅覚の話をする。

感染の連鎖

マラリアがどんなふうに感染するかを理解するためには、少しばかり基礎知識が必要だ。マラリアは二つの宿主をもち、ハマダラ蚊属の蚊と人の両方の体内で段階的に成長する。プラスモディウム属の寄生性原生動物――スポロゾイト――として人の血液中に侵入したマラリア原虫は、肝臓へと移動する。この寄生原虫はまず肝臓の細胞に侵入し、そこで成長し増殖すると、次に赤血球へ移動する。そこでいくつかの成長段階を経ながら途中で次世代の寄生原虫を生み出し、それらは別の赤血球に侵入してあらたなライフサイクルを繰り返す。マラリア感染者に表れる数々のマラリアの症状は、この赤血球内の寄生原虫の仕業である。

寄生原虫が赤血球中に侵入したこの感染段階に、生殖母細胞が形成される。生殖母細胞にはオスとメスがある。メスのハマダラ蚊が人の血を吸ったときに、この生殖母細胞がメスの体内に取り込まれると、メスの腹部で受精が起こる。その結果、あらたな寄生原虫が生まれて成長と増殖を繰り返すライフサイクルが再びはじまる。このプラスモディウム属の寄生性原生動物は、一〇日から一八日後にはスポロゾイトとなって蚊の唾液腺まで移動する。そのメスの蚊が、血液のごちそうにありつこうとして別の人間を刺す際に、メスは血液が凝固するのを防ぐために唾液を注入する。血液が凝固すれば蚊の口器が詰まってしまうからだ。この唾液とともに、スポロゾイトは人の血液に入り込み、肝臓に到達すると再び感染のライフサイクルを繰り返す。

じつは、蚊はほかにも多数の寄生虫の被害を受けており、それらを寄せつけないための異なるさまざまな対応策を進化的に発達させてきたのだが、それについてはまた別の機会に話そう。

チャンスを最大限に活かす

蚊にしてみれば、命は短く、いろいろなやり方でそれを最大限に活かさねばならない。オスがめざすのは、生存し、食べ、交配することだ。メスにとってもそれは同じだが、それに加えて卵を産みつけるのに最適な場所を見つける、という使命もある。それらの課題の多くに匂いの情報が大きく関わっており、したがって嗅覚が重要な役割を果たしていることがわかっている。本章では、マラリア蚊のライフサイクルと、匂いと嗅覚が関わるさまざまな側面をすべて見ていきたい。

ほとんどの昆虫同様、マラリア蚊も触角を使って匂いを嗅いでいる。さらに、彼らが嗅いでいるのはCO_2の匂いであり、また第7章で取り上げた蛾と同じように、口部にある触肢にも嗅細胞をもっている。マラリア蚊は、とくにそのオスは、触角を聴覚としても利用しているが、それについてはのちほどまた取り上げる。

花の香りを嗅ぐ

蚊といえば、わたしたちは人の血を吸う厄介な小さな虫を思い浮かべる。しかし実を言うと、蚊の採餌行動のほとんどは別の場所で行われている。蚊のオスは花の蜜しか吸わないし、メスも血を吸う前後にエネルギー補給のために花蜜を吸う。そして、蚊が蜜を吸う花は限られていること、また蚊の採餌行動には花の香りが大きく関わっていることもわかっている。蚊が訪れる花の種類が明らかになったのは、つい最近のことである。

ケニアのナイロビにある、国際昆虫生理生態学センター（ICIPE）の同僚たちが、非常によく考えられた方法を用いて、蚊が実際に採餌のために訪れているのはどの花であるのかをはじめて突き止めた。実験には、野外で採集された蚊が用いられた。最初に簡単な検査を行い、研究に使用する蚊の体内に果糖が含まれていることを確認し、つまり蚊が花蜜を摂取していることを証明した。その後研究チームは、蚊の腹の内容物のDNAバーコーディングを行い、蚊がどの植物から花蜜を摂取したかを特定することに成功した。しかし実験はそれだけに留まらなかった。

DNAバーコーディングによって突き止められたすべての花の香りを集め、蚊の触角で電気生理学実験を実施した結果、研究チームは、蚊が食べ物を見つけるためのどの匂い分子を――つまりどの匂いを手がかりにしているかをはっきりと示すことができた。花の香りの標本のすべてに、二種類の匂い物質が含まれていることがわかり、どうやらそれが蚊の採餌行動を誘引する重要な役割を果たしていると思われた。さらには、いくつかの別の匂いから、花蜜が実際その植物のどの種から摂取されたかを特定することもできた。つまりほとんどの蚊は、美味しい食事を提供してくれる花の匂いを嗅ぎ分ける嗅覚を進化によって発達させてきたと考えられた。

この二種類の匂い物質については、本章の後半でもう一度お話しする。

先に述べたように、蚊もまたマラリア原虫に寄生される被害者である。それに対して、彼らに何かできることはあるのだろうか？　ある種の蚊は、花蜜を摂りに訪れる花の種類を、抗マラリア効果のある化合物をあたえてくれる花に変えることによって自己治療していると考えられる。適切なものを食べて寄生虫による負荷を減らし、より多くの子孫を残せるようにしているのだ。

総じてマラリア蚊は、花蜜の報酬をたっぷりくれる花や、薬効のある花蜜を出す花を見分けられる鋭い嗅覚を発達させてきた。マラリア蚊が好む花の香りには、彼らを虜にして「花蜜」へと引き寄せる、何らかの共通した特徴があると思われる。

血の匂いを嗅ぐ

蚊の多くの種は、進化の過程でさまざまな動物の血を吸うようになった。これはおそらく、生息環境に不足しているタンパク質や、とくに窒素などの栄養分を補給するための適応だと思われる。血液はまた、消化がよいうえに、即時に身体を動かすエネルギーに変わる。マラリア蚊が吸うのはほぼ人間の血だけだ。蚊のほかの種は、鳥や牛、爬虫類などさまざまな動物の血を吸い、彼らは間違いなく匂いを手がかりに血を吸う相手を選んでいる。

血のごちそうを摂取するのは蚊のメスだけで、それは産卵の準備のためだ。血液に含まれる窒素は、十分な量の卵を産卵するためだけでなく、期待寿命を延ばし、飛ぶために必要なエネルギーを日頃から蓄えておくためにも必要だ。

そんな重要なひと咬みをする相手を、メスはどのように見つけているのか？　第2章で述べたように、わたしたち人間は、皮膚から大量の匂い分子を放出している。自ら放っているものもあれば、皮膚の表面に棲む微生物が放っているものもある。また、わたしたちは呼吸のたびに、自分の存在を明かす匂い分子を放出している。

それらのさまざまな匂いについて見ていこう。今から何年か前に、オランダの研究チームが、マラリア蚊が汗臭い足の匂いに誘引されることを突き止めた。カルボン酸って美味しい！　というわけだ。

彼らは風洞実験を実施し、蚊が本当に人の足の匂いを好むことを証明した。足の匂いと似通った匂いをもつ何かと比較実験を行いたいと考えたとき、彼らが思いついたのはリンブルガーチーズで、その匂いはたしかに履《は》き古した靴下の匂いそのものだ。そしてなんと、蚊の群れは実験者の足元と同じくらい、このチーズにも引き寄せられたのだ。

今では、汗臭い足は数ある誘引物資の一つにすぎないこと、また、匂いに誘引される行動について研究する際には、匂いの濃度と割合を考慮に入れることが非常に大切であることがわかっている。

スウェーデンのリキャルド・イグネルの研究チームは、マラリア蚊を人へと誘引する自然な香りの正体を、何としても突き止めようとした。化学、生態学、生理学、そしてフィールド調査を駆使して、自然な濃度の人の匂いとよく似た複雑な匂いの混合物を同定することに成功した。この混合物には、以前から関わりが疑われていた1－オクテン－3－オール（きのこ類の匂い）や複数のアルデヒド、それにモノテルペンが含まれる。おもしろいことに、先に述べた、花が放つ誘引物質として同定された匂いのいくつかが、人の匂い中にも再び認められたのである。

人の皮膚から放出されるこれらの匂い以外に、人の息にもより高い誘引性をもつと思われる匂い分子が含まれている。息を吐くたびに、わたしたちは大量のCO_2とアセトンを放出している。どちらの化合物にも蚊を呼び寄せるブースター効果がある。アセトンが蚊の誘引物質であるということは、糖尿病患者が非常に蚊に刺されやすいように見えることにも説明がつく。糖尿病を患っている人では、息に含まれるアセトンの濃度が高いことが多いのだ。

これまで述べてきたさまざまな研究結果から、メスのマラリア蚊がわたしたちを見つける手がかりとしている匂いが非常に多岐にわたっていることがわかる。カルボン酸（足の匂い……）、アンモニア、アルデヒド、モノテルペン、そしてきのこ臭（皮膚の匂い）と息に含まれるCO_2とアセトン。そしてすべてが適切な濃度と割合を保っている必要があるのだ。

人それぞれ？

第2章で見てきたように、人の匂いのちがいには遺伝的要因だけでなく、皮膚の微生物叢や食べ物の影響もある。そしておそらく、これらの要因は相互に関係し合っている。また、やたらと蚊に刺されやすい人がいる一方で、その夫や友人はまったく蚊に刺されないという話をわたしたちはよく耳にする。彼らの訴えに果たして科学的根拠はあるのだろうか？

オランダの研究者ウィレム・タッケンとその研究グループは、二七名の被検者について、それぞれの体臭にマラリア蚊が誘引される程度を比較する実験を行なった。すると、被験者間に明確な差異が認められた。彼らのうちの何人かは、ほかの人々に比べて蚊への誘引力がかなり高かった。このちがいの原因となっているのが実際にどの匂いであるのかは、まだ特定されていない。

人によってちがいがあるということは、そのちがいは遺伝によるものかもしれない――つまり匂いには遺伝的要素があるのかもしれないと考えられる。この匂いと遺伝の関係を明らかにするために、ジェームズ・ローガンとジョン・ピケットは、一卵性双生児と一卵性ではない双生児を比較する実験を行なった。その結果、蚊に刺されやすい体臭には、たしかに遺伝的傾向があることがわかった。被検者数はそう多くなかったが――一卵性双生児一八組、一卵性ではない双生児が一九組――結果は非常に明確だった。人の体臭には、身長やIQの高低に見られるのと同様の、はっきりとした遺伝的傾向があると考えられる。

つまり人には、蚊を誘引するかどうかについて明確な個人差がある。では、蚊に刺されやすいかどうかに影響する要因はほかにもあるのだろうか？　先に、糖尿病患者の匂いが蚊を引き寄せやすいということを述べた。西アフリカのガンビアで実施された別の実験からは、蚊帳《かや》の中で寝ている妊娠中の女性は、妊娠していない女性の二倍、蚊を引き寄せやすいことがわかった。しかし、このちがいを生み出しているのがどの匂い物質なのかは、やはりわかっていない。

蚊を引き寄せやすい人とそうでない人のちがいに関するじつに興味深い事実が、感染力のあるマラリアに罹患している人とそうでない人を比較する実験によって明らかになった。よく設計されたこの実験に参加したのは、ケニア西部州に住む、三名を一組とする一二組の子どもたちだった。ケニア西部州はマラリア感染の多発地帯として知られている。各グループの三名の子どもたちのうちの一人はマラリア原虫に感染していない子ども、もう一人は原虫が体内で無性生殖を繰り返す段階の非感染性のマラリアに自然感染した子ども、別の一人は、体内に生殖母細胞をもち、マラリアを人に感染させる力をもつ子どもだった。この三つの状態の子どもたちを比較したところ、感染させる力をもつ感染段階の子どもの匂いは、その他の感染段階の子どもたちと比べて、マラリア蚊への誘引力が二倍高かった。しかし最初の比較実験のあと、マラリアに感染している子どもたちに抗マラリア薬が投与されると、蚊への誘引力の差はなくなった。この結果から、子どもたちを蚊に刺されやすくしているのは、じつは彼らの体内に存在する、感染力のある段階に成長した寄生原虫の存在であることが明らかになった。

いくつかの研究から、生殖母細胞となったマラリア原虫をもつ患者では、体表や息に含まれるある種のアルデヒドやテルペンの匂いの分泌量が増えることがわかっている。わたしの同僚のリキャルド・イグネルと共同研究者らは、生殖母細胞がＨＭＢＰＰ〔(E)-4-ヒドロキシ-3-メチル-2-ブテニルニリン酸〕と呼ばれる特殊な化合物を産出することも突き止めた。この代謝産物はメスの蚊を引き寄せる強力な摂食刺激物質の役割を果たすが、同時に、赤血球から放出される誘引力の強い匂いの産出を促進する効果ももつ。

これは非常に興味深い結果である。寄生原虫が、感染が広まるように宿主を操作していることを示しているからだ。あらたな感染の「種」をもつ人間たちを、蚊にとってより魅力的な存在にすることにより、感染を広めるチャンスを劇的に高めているのだ。

人によって蚊に刺されやすい人とそうでない人がいるその他の理由としてしばしば取りざたされるのは、その人が何を食べているか、ということだ。世間にはさまざまな思いつきがあふれている。「ニンニクを食べれば蚊に刺されない！」とか「ビタミンＢを摂れ！」とか。おそらく、こうした助言をくれる善意の友人たちは、蚊と吸血鬼を混同しているのだろう。ニンニクもビタミンＢも、摂取することによる蚊への効果はまったく立証されていないのだから。

立証されているのは、（残念ながら……）ビールを飲むと男性は蚊を誘引しやすくなるということだ。ブルキナファソで行われたある実験に参加したおよそ四〇人の男性は、ドロと呼ばれる地ビールを一リットルか、あるいは水一リットルのどちらかをあたえられた。一五分後、ティエリー・ルフェヴルと共同研究者らは、被検者に何匹の蚊が誘引されたかを数えた。体温も呼気に含まれるCO_2の濃度も同程度だったにもかかわらず、ビールを飲んだ男性らは、明らかにほかの男性たちより多くの蚊を引き寄せていた。

このちがいの原因は、放出された匂いにあるのではないか。研究チームは次のように結論づけた。「これはビールの思いがけない副作用として蚊を引き寄せやすくなっただけでなく、もしかすると、蚊はビールを飲んだばかりの人を好むように進化してきたのかもしれない——おそらく飲酒によって宿主の防御行動が減るという理由で、あるいは宿主の血液に栄養が行きわたるという理由で。これは好奇心をそそられる仮説だが、確証を得るにはさらなる研究が必要である」

舌で匂いを嗅ぐ

小さなメスの蚊に課せられた仕事は気が遠くなるほどたいへんだ。メスはまず、鳥やコウモリ、そして人の両手から身をかわしながら、魅惑的な犠牲者のところまで飛んでいかねばならない。そのうえ、皮膚に近づき、気づかれずになんとか降り立てたとしても、適切な血管を探し当てる仕事が残っている。

わたしたちは、韓国のソウルにあるヒョンジュ・ウック・クオンの研究室と共同研究を行い、蚊が最後に血管を探し当てる際に関係すると思われるあらたな嗅覚経路を発見した。蚊のメスは皮膚に降り立つと、小さな注射針のような形の吻針と呼ばれる器官をその皮膚に刺し入れる。わたしたちは、この小さな針の先に触角上の嗅毛――感覚子――とよく似たいくつかの小さな組織があるのを発見した。さらにこの組織に発現した遺伝子を調べた結果、そこに二種類の嗅覚受容体を見つけた。これらの受容体がどのような匂い物質を検知するか調べたところ、血液が放出するいくつかの匂いが見つかり、その中には先に述べたきのこの匂いも含まれていた。

研究チームは、DNAによるRNA転写を妨げることにより、吻針上の微小な毛が機能しなくなるようにした。するとメスの蚊は、ネズミの皮膚の下の適切な血管を探し当てるのにより時間がかかるようになった。吻針の先に発現した小さな鼻が、メスが血液を探す旅の最終段階で彼女を助けているのだと考えられる。このことは、第7章で見てきた、蛾の長い舌の先にあるいくつかの小さな嗅毛が、花の奥に隠された花蜜を探し当てるのに役立っているという事例と非常によく似ている。

どこに卵を産みつけるか？

マラリア蚊についてこれまで見てきたことのほとんどが、いかに適切な採餌場所を見つけるかについてだった。摂食と交配を済ませたあと、メスにはある重要な仕事が残っている。卵を産みつけるのに最適な場所を見つけることだ。マラリア蚊の幼虫は、一般に小さな水たまりを生息場所とするため、メスによる産卵場所の選択は非常に重要な意味をもつ。どこを選ぶかが、子孫の運命を決定するのだ。

マラリア蚊の幼虫は、周囲のさまざまな場所で産出された多様な有機物を食べて成長する。たとえば植物や昆虫、甲殻類などの分解生成物、さらには藻類や原生動物、バクテリアなどの微生物も食べる。メスはまた、トウモロコシやサトウキビの花粉を摂取できる場所をとくに選んで産卵するようだ。先に挙げた食糧の数々は、窒素の含有量が非常に少ない。トウモロコシなどの花粉に豊富に含まれる窒素によって、生まれた幼虫は不足している栄養素を補うことができる。エチオピアでのトウモロコシ畑の設立とマラリア感染者の増加の関連性が科学的に証明されている。

マラリア蚊の幼虫の食糧源にはどれも匂いがある。腐敗が進むイネ科植物とその花粉の匂いが、卵をもつメスのマラリア蚊を誘引することがわかっている。また、トウモロコシやサトウキビの花粉も非常によい香りを放つ。最近になって、卵をもつメスを誘引する微生物の匂いがはじめて特定された。これらの匂いは、卵をもつマラリア蚊のメスを捕獲する仕掛けに使用できるため、応用的な価値がとても高い。

これらのよい匂いだけでなく、メスのマラリア蚊は、すでにその場所にいる幼虫や捕食者の匂いも検知できる可能性が高い。産卵場所の混雑を避けるのに役立つこの匂いは、第4章で説明した海鳥が餌を探す手がかりとしている匂いや、第13章で述べる、ある種の花が報酬なしの受粉を成功させるために使っている匂いによく似た、硫化化合物の匂いではないかと思われる。蚊のほかの種では、メスがほかのメスをも引き寄せるフェロモンを放出することがあるが、マラリア蚊に関しては、そのような事例は観察されていない。

匂いにうながされて血を吸う蚊

これまで述べてきた多くの例から、匂いが、行動をうながすものとしても、また決断の手がかりとしても、蚊にとって重要な意味をもっていることは明らかだ。人間の血液の存在を告げる匂い分子を触角が検知すると、蚊のメスは飛び立ち、犠牲者の皮膚に近づこうとする。しかし、匂い分子の割合がいつもとちがっていたり、別の種類の匂い分子が混じっていたりしたときは、その人間が宿主として不適切である印で、メスは接近を中止する。わたしたちは、蚊が人に引き寄せられるしくみをこんなにもよく知っているが、それでも蚊を完全に寄せつけない方法はまだ見つかっていない。多くの場合、わたしたちは一九五〇年代に開発された人工的な化学薬品に頼っている。科学が実際に応用されるまでには時間がかかるのだ。これについては第14章でさらに詳しく述べる。

第10章

巨木キラー・キクイムシ

体長数ミリ、重さ数ミリグラムの動物に、恐竜並みに大きい別の生物を倒すことなど果たしてできるものだろうか？　できるはずがないと思えるが、キクイムシは、この地球上の森の木を現実に倒している。数え切れないほどのキクイムシによる協調的な攻撃が、樹齢百年のマツやトウヒ、ニレ、その他の種の木々を数週間で枯らし、あたりを死の森に変えている。

キクイムシの攻撃は単発的なものではない。攻撃は北半球全域にいまだかつてない規模で拡大している。カナダの、マツが枯れて壊滅的な状態となった一帯を、月から確認することができる――幅の広い茶色のベルトのような土地が西海岸から内陸へ向けて広がっている。何百万立方メートルもの森がすでに破壊され、長い歴史をもつ生態系が永久に変わってしまった。キクイムシが媒介するある種の菌を病原とする感染症、ニレ立枯病によって、世界の多くの場所でニレは事実上絶滅に追いやられてきた。現代のヨーロッパでは、トウヒもまた同様の運命にさらされている。ニレに比べるとかなり高い回復力をもつトウヒだが、それでもキクイムシの個体数の増加とその侵襲によって、何百万本ものトウヒが死に絶えている。

数は多いがそれぞれ特殊

キクイムシはそのすべての種が、嗅覚に大きく頼って暮らしている――木のそれぞれの種に、最低一種類のキクイムシがいるため、キクイムシの種は何千種類もある。その小さな触角でさまざまな種類の匂い分子を検知することによって、おたがいを認識したり、宿主とする木を見きわめたりしている。この微小な器官は、昆虫の「鼻」の構造が、その生活様式の影響をいかに受けやすいかを如実に示している。第7章で取り上げた蛾が、巨大な、まるで羽のような触角をもっているのも同じ理由による。蛾が巨大な触角をもてるのは、キクイムシとはちがって、嗅覚器官の大きさに制約がないからだ。広い空間を飛び回って暮らしている彼らにとっては、どんなに大きくてもそれをつけて飛ぶことさえできればいいのだ。

それとは対照的に、キクイムシは、その名のとおり、樹皮に穴を開けて樹木の内部に潜り込み、細い穴を掘って進まねばならない。だから蛾のように大きな触角をもつことは不可能だ。そこで進化は、折りたたんで頭部の両脇にある溝にしまえる、小型の棍棒のような触角をキクイムシにあたえた。この独創的な解決策のおかげで、キクイムシが狭い穴を這い進むあいだ触角は守られ、しかし広い場所に出たときには、触角を簡単に広げて高性能の検知器として使うことができる。この折りたたみ式の触角は、昆虫の世界でこれまでに進化によって発達してきたさまざまな形態の触角の一つに過ぎない。実際その種類は驚くほど多く、それは、昆虫の外的な形態について鋭い観察眼をもつ人ならだれもが認めることだ。

もしも、トウヒにつくキクイムシが、たった一匹で一本の木を攻撃しようとしたなら、それはたしかに一匹のアリが一頭の象を殺そうとするようなものだ。針葉樹は非常に効率的な防御機構をもっている。昆虫が樹皮を破って侵入しようとするやいなや、針葉樹は有害な樹脂を流出させる。有毒物質をたっぷり含む粘着性のあるこの琥珀色の樹脂は、攻撃者を死の蜜に閉じ込める。この防御戦略は、古代の昆虫化石が多数見つかっている理由でもある。昆虫たちは、何百年も昔に防御のために木から流れ出した樹脂に絡め取られ、彼らが生きていた当時の瞬間を切り取った一枚として、完璧に保存されたのだ。しかしその化石から遺伝物質を取り出してクローンを作り出せるかというと、それはまったく別の話だ――『ジュラシック・パーク』を観たあなたは、できると思ってしまうだろうが。

では、木々による樹脂を使ったこの防御策をキクイムシはどう突破しているのか？　キクイムシは、三つの主な攻撃戦略を見つけた。まず、彼らは化学物質によるコミュニケーション・システムを確立し、時間と場所を合わせて協調して攻撃できるようになった。次に、脆弱な木を――大量の樹脂を流出する力が少し弱っている木を――選ぶ能力を身につけた。そして三つ目に、キクイムシは「秘密の」生物兵器をもっている。では三つの攻撃戦略を一つひとつ見ていこう。

集団的コミュニケーション

トウヒキクイムシは、どんなふうに協同して巨木に攻撃を仕掛けるのか？　さらには、その木が満員になったことをどんな手段で知るのか？　これらの疑問を解き明かすには、まず攻撃がどのように進行するか、そしてそれに化学信号であるフェロモンがどう関わっているかを知る必要がある。攻撃は、先導する一匹のキクイムシ――オスだ――からはじまる。オスは樹皮に小さな穴を開け、メスへの呼びかけを開始する。彼が発する主な化学信号は二種類の匂い物質で構成されており、基本的に「おいで、おいで。交配しよう。この木を乗っ取るのを手伝っておくれ」と伝えている。

このオスが運よく樹液に押し流されて死なずにすめば、一匹のメスを魅了できるかもしれない。二匹は交配し、仲間を呼び寄せるためにより多くの集合フェロモンを揃って放出しはじめる。さらに多くのキクイムシがやってきて樹皮に穴を開け、木の内部に潜り込んで交配する。そして同じことが何度も繰り返される。やがてキクイムシは膨大な数に膨れ上がり、木はついに彼らの大規模攻撃から身を守りようがなくなる。もはやこれまで、である。

交配を終えると、メスはエネルギー豊富な師部に坑道を掘りはじめる。樹皮のすぐ下にあることの繊維質の層は、もともと樹木全体に栄養分を行き渡らせるための複雑なシステムで、つまり樹木の成長と生存の責任を背負っている。この坑道の両脇に、一匹のメスが最高八〇個の卵を産みつける。メスが産卵しているあいだに、オスはフェロモンを変化させ、それまでとは異なる二種類の匂い物質を放出する。この二つの匂いは、低濃度の間は誘引効果をもつが、ある一定の閾値に達すると停止信号に変化する。樹木への棲みつきが最終段階に入ると、キクイムシは直接的な停止信号を発信しはじめる。「もう来るな――満員だ。隣りの木に行ってくれ！」と。

卵が孵化し、這い出してきた小さな幼虫は、師部を食べながら母の作った坑道に対して垂直に進んでいく。幼虫たちが出ていった跡は、非常に鮮やかな、しかし樹木にとっては致命傷となる模様を描き出す。これは、トウヒキクイムシが「活版印刷機」を意味するラテン語のIps typographus、あるいはドイツ語のBuchdruckerという名で呼ばれているゆえんである。

最後にまとめると、キクイムシの化学的コミュニケーションには四つの段階がある。最初に、一匹のオスが誘引的な香り、つまり集合フェロモンを放出する。これは主としてメスを引き寄せるためだが、それ以外の仲間を呼び寄せる効果もある。次に、集まったオスとメスも同様のフェロモン信号を放出するが、多数のフェロモンが合わさることによって信号はより強くなる。第三段階として、メスが産卵を終えると、オスは二重の意味をもつあるフェロモンを産出しはじめる。このフェロモンは、ある一定の濃度に達するまでは誘引効果をもつが、それを超えると停止信号となる。第四段階。木が満員になると、キクイムシの群れはさらなる攻撃を停止するための最終的な停止信号を出す。木が満員となったことをキクイムシがどのように知るかについては、よくわかっていない。

脆弱なものを狙う

防御機能が比較的弱っている木を狙いにいくのは、キクイムシの重要なスキルである。キクイムシの個体密度が低いときには、この行動には大きな意味があると思われる。共謀できるパートナーの数も少ないからだ。個体密度が最高潮に達すると、キクイムシの集団は周囲にあるあらゆるものを、その質は問わず、ときには品種さえもお構いなしに食い荒らすように見える。ある木に狙いを定めると、キクイムシは嗅覚と味覚を使ってその木の適切性と生命力を判断する。木々が放出するさまざまな匂いの濃度を比較することにより、彼らのような小さな昆虫にも、その木がどの程度の防御反応を発揮できるかを見定めることができるのだ。

では、何がその木の生命力の強さを決めているのか？　樹木はそれぞれ独自の遺伝子型をもっている。個々の遺伝子型に組み込まれた防衛能力はそれぞれ異なっている。生命力がより強く、強い防衛反応によって樹液をたっぷり流出させられる個体もある。その木が置かれている全般的な生理学的状況もまた重要だ。水分不足や高温が木を弱らせることがある。ひどい乾期を経て熱性ストレスにさらされた木は、十分な防御反応を引き起こせなくなってしまう。暑さと乾燥が長引く夏が木々を弱らせ――キクイムシの格好の獲物となってしまいがちなのは、そのせいなのだ。

強力な武器

トウヒキクイムシは、樹皮の下に潜り込む際に、その木からのあらゆる抵抗に反撃するための特別な武器を持ち込む。キクイムシは、それぞれ特殊な菌の胞子や菌糸を運び入れ、木の組織に付着させる。なかでももっともよく知られているのは青変菌《せいへんきん》である。キクイムシによってこの菌が持ち込まれると、トウヒの立木は青みがかった黒色に染められてしまう（すると木の商品価値は一気に下がってしまう）。

これらの菌類は、キクイムシにとって非常に検知しやすい特殊な匂いを放出して、キクイムシがより簡単に彼らを見つけて運べるようにしている。微生物によるこうした攻撃は木をさらに弱らせ、キクイムシが導水管を詰まらせることによって最終的に木を枯らしてしまうのを手助けしている。しかしこの菌類も、おそらくは幼虫用の食べ物としてキクイムシの食糧源となってしまうかもしれない。菌類は、キクイムシにとって木の師部よりもすぐれた食糧であるとする研究もある。

キクイムシと彼らに共生する菌類による「悪名高い」共同作業のもう一つの例は、ニレ立枯病の拡大である。ニレキクイムシのいくつかの種は、樹皮に穴を開けて入り込み、内部に卵を産みつけることによってニレの大木を襲撃する。しかしこのとき、キクイムシの成虫は小枝の叉《また》で採餌行動も行う。その際に、非常に高い確率で危険な菌が木の内部に持ち込まれてしまう。そのため、キクイムシがほんの数匹いるだけで菌は非常に多くの木々に広がり、その結果広大な森があっという間に壊滅してしまうことがあるのだ。スウェーデン南部最大のニレの森に起きたのは、まさにそれだった。ほんの数年で森全体が骸骨のような枯れ木の立ち並ぶ場所と化してしまったのだ。今では、ニレの種は世界の多くの場所でほぼ全滅してしまった。それはすべて、桁外れに攻撃的な菌の極小の胞子や菌糸を運ぶ、一匹の小さなキクイムシのせいなのだ。

回避戦略

攻撃するのに適した木を見つけるのと、食べられない木を避けるのは別の話だ。ハエや蛾の章でも述べたように、嗅覚には「よくない」匂い物質を見つける特殊な情報経路もある。トウヒキクイムシも、この種の検知機を発達させてきた。そしてその検知器を、とくにある一つの匂い——カバノキが放出する匂いを回避するために使っている。

カバノキが発する忌避物質の匂いが、通常はキクイムシにとって好ましい匂いであるはずのトウヒやマツの匂いと混ざり合うと、それらの匂いの誘引性は劇的に低下する。この事実は、山林管理や造林に関わる人々にとって貴重な知識となる。なぜなら、混交林は純林に比べてキクイムシの攻撃に対する防御力が高く、またキクイムシの侵襲を受けにくいということを示唆しているからだ。もっとも大きな被害をもたらす寄生虫を阻止し、森林の回復力を上げることを目的として、宿主となる木とそうではない木を混ぜ合わせるこの戦略は、「情報化学物質の多様化」として知られている。

ハンターを狩る

キクイムシ自体もほかの多くの動物にとっての貴重な資源である。昆虫のなかには、キクイムシのフェロモンを感知してその居場所を突き止める能力を進化によって身につけたものもいる。その一種であるカッコウムシは、キクイムシが放出するフェロモンを的確に検知する嗅覚受容体を発達させ、木の表面を歩き回る彼らを捕らえることができる。

その他のキクイムシの天敵には、化学的な知覚と振動を検知する能力を併せもつものもいて、彼らはその能力を、樹皮の下にいる幼虫を見つけ出し、偽寄生虫である自分たちの卵を産みつけるために使っている。そしてもちろん、キクイムシを効率よく捕食するのはキツツキだ。キツツキは細長いくちばしを使ってキクイムシとその幼虫を樹皮の下から引きずり出す。それ以外の、匂いでキクイムシに誘引される興味深い捕食者はイノシシだ。スウェーデンのわたしが所有する森でも、イノシシがある種の木々のまわりを、まるでダンスでもしているように回っているのを何度も見たことがある。

じつは彼らは、キクイムシがぎっしりと群がっている木に誘引されていたのだとわかった。次世代のキクイムシはすでに冬を越すために地中に潜ったあとだったが、イノシシには別の考えがあった。彼らはその鋭い鼻で匂いをたどって木の周囲を回りながら、地面の土とその中にいるキクイムシをほとんどすべて貪り食べてしまった。イノシシのこの振る舞いは、森の所有者の多くにとって、非常に役立つ行為だった。

キクイムシと生態系

キクイムシは生態系において重要な役割を果たしてはいるが、この害虫が世界中の森に壊滅的被害をあたえているのも確かだ。もっとも大きな被害を受けている地域では、毎年何百万立方メートルもの原生林が失われている。現在進行中の気候変動が、キクイムシに非常に有利な環境を作り出しているおかげで、この害虫は個体数を爆発的に増加させ、以前より頻繁に大発生が起きている。その一方で、加速度的に拡大していく気候変動の影響が、森林の自然防御能をますます低下させているのは、第1章で説明したとおりだ。

心配なのは、干ばつと山火事、そしてある種のキクイムシ（学名 Phloeosinus punctatus）という致命的な組み合わせが、カリフォルニア州の、樹齢三〇〇〇年を超えるセコイアの巨木群を枯死させかねないことだ。このセコイアは、おそらくいま現在地球上に生息する最大の生物体だと思われる。キクイムシの群れが、現代の恐竜を本当に倒そうとしているのだ。

こうした困難に立ち向かうために、森林所有者の多くが、匂いを利用した森林管理の方法を模索している。それについては第14章で詳しく説明する。

第11章
クリスマスアカガニ

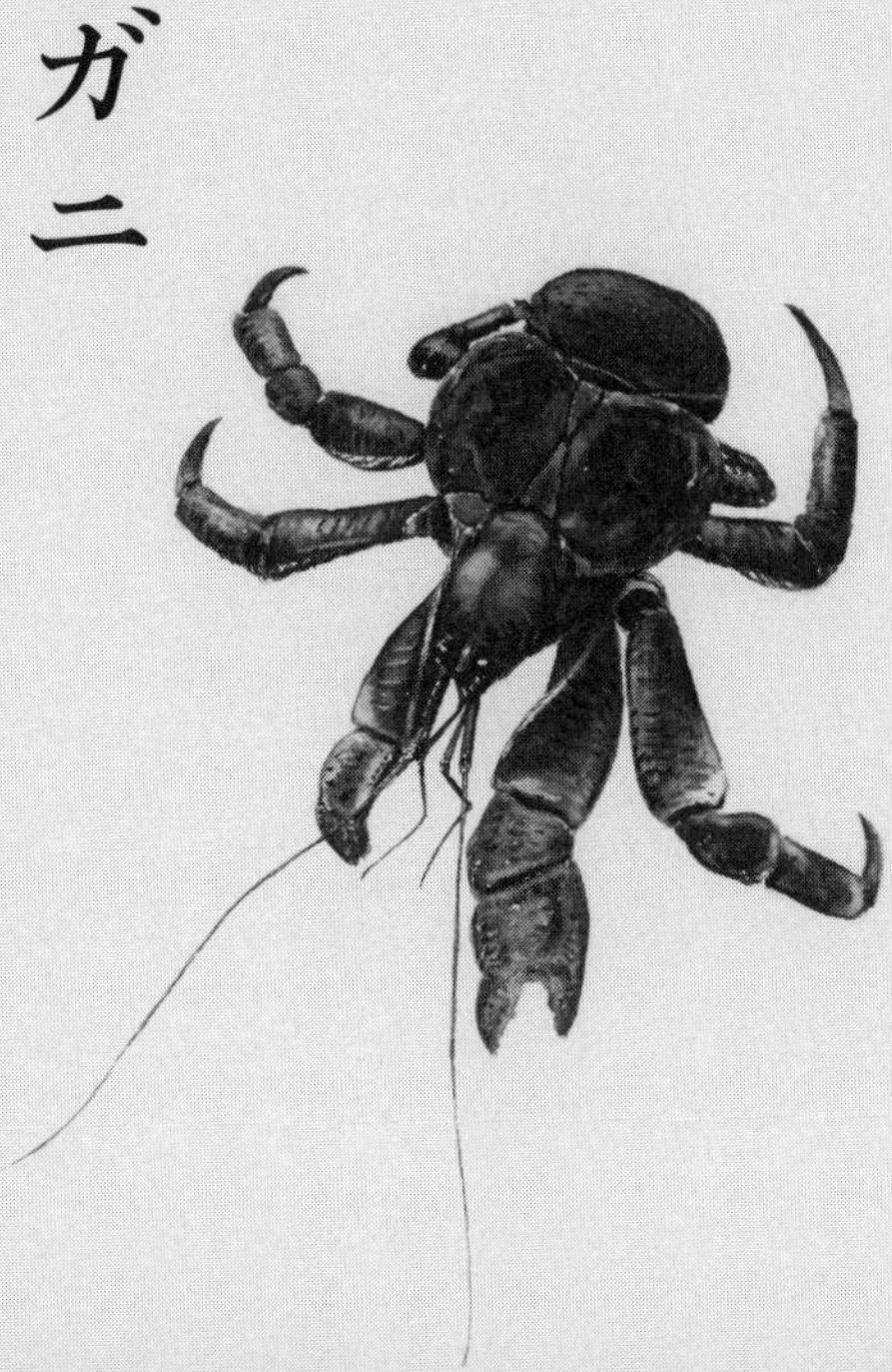

地球上には、ひときわ驚きに満ちた、すばらしい生物がいる。この世界のいくつかの場所についても同じことがいえる。アフリカのサバンナやオーストラリア東海岸の巨大なサンゴ礁、グレート・バリア・リーフを訪れたとき、わたしはこれこそ本物の自然の驚異だと思った。しかし、クリスマス島と古くからそこに棲む生物は、それが思いちがいだったと教えてくれた。まずは時間を遡り、嗅覚研究と思わぬ偶然が、この小さな島をわたしたち家族の第二の故郷に変えた経緯をお話ししよう。

二〇〇二年のこと、当時わたしが指導していた博士課程の学生、マーカス・ステンズミルが、世界最大の陸生の節足動物（昆虫、甲殻類、クモなどの動物）で、キラキラ光るものを持ち去ると言われていることからドロボウガニとも呼ばれる生物についての、興味深いポピュラー・サイエンス記事を携えてきた。正式にはヤシガニ（Birgus latro）と呼ばれる種である。われわれは昆虫の嗅覚の進化についての研究を行なっているのだから、比較のために陸生の甲殻類の嗅覚も研究してみるべきではないか、と彼は提案した。

現在、ドロボウガニの個体数がもっとも多いのはクリスマス島である。インド洋に浮かぶ面積一三五平方キロメートルの岩礁の島で、インドネシア・ジャワ島の南三五〇キロメートル、オーストラリア・パースの北西二六〇〇キロメートルに位置する。位置的には遠く離れているにもかかわらず、この島はオーストラリア連邦領である。近年では、島内の難民収容施設や、二〇一〇年の難民船転覆事故の残念なニュースでこの島を知った人が多いかもしれない。

この島は、遠隔地にあることも幸いして、誕生以来ほぼずっと人間やその他の哺乳類によって通常はあたえられる破壊的影響の大部分を免れてきた。島に生息するのは、主に鳥類と昆虫、甲殻類である。そしてこの甲殻類を用いて、わたしたちは、ほかではできない生態学的実験を行うことができた。というのも、島の甲殻類は、ほかの場所なら通常は哺乳類が占拠する生態的地位の多くを占有していたからだ。一億匹を超えるアカガニが落ち葉を分解してくれるおかげで、この森の地表には熱帯多雨林なら堆積しているはずの落ち葉がなかった。この島では、ニッパー・クラブ（ヨーロッパ産のカニ）も特殊な獲物を狙う捕食者ではあるが、食物連鎖の頂点にいるのはドロボウガニなのだ。

進化的関心を満たす種

興味深いことに、長い進化の時間軸で考えると、この陸生の節足動物が地上に棲みはじめたのは比較的最近のことだ。彼らが森や海岸に棲みつくようになったのは、今からほんの五〇〇万年前のことなのだ。一方、彼らともっとも近縁の昆虫はといえば、陸で暮らすようになってからなんと四億年もの年月が流れている。嗅覚研究者であるわたしたちが、この情報に興味をそそられるわけとは？

昆虫は非常に長い年月をかけて空中の匂いを嗅げるように適応してきた。一方ドロボウガニのような陸生の節足動物は、たったの数百万年で同じことができるようになった。そこで嗅覚研究者が疑問に思うのは、そんな節足動物に嗅覚系はあるのか？　ということだ。もしもあるのなら、わたしたちが知っている昆虫の嗅覚系とどうちがうのか。化学生態学者でもあるわたしたちは、この巨大な生物の行動観察にももちろん関心がある。

世界最大の陸生の節足動物であるドロボウガニの体重は最大で五キロ、もっとも長い左右の足の先から先までを測ると、幅は一メートル近くになる。正面に一対の見事なハサミをもっており、彼らはそのハサミをココナッツの中心に巧みに差し込んでこじ開ける（それが、この生物が一部の人々の間でヤシガニとも呼ばれる理由である）。このカニが行使できる圧力は、人の顎の力の二倍の強さだ。

ドロボウガニは、陸で生活するための非常に興味深い解決策を発達させてきた。地上での呼吸に適応するために、彼らは進化の過程で、甲羅の下に、血管が多数分布するひだ状の皮膚をもつようになった。肺の働きをする鰓室《さいしつ》である。それと並行して、最後の一対の足が小さな「ボトルブラシ」のように変化し、このブラシが鰓室の表面を絶え間なく磨いている。かつての鰓《えら》は、腎臓のような機能をもつようになった。このように空中で呼吸するための肺が発達したということは、ドロボウガニの成体は完全に陸生であり、水に沈められれば溺れてしまうことを意味している。

奇妙な一生

しかし、ドロボウガニの一生は海からはじまる。卵は海水の中でしか成長しないからだ。ある夜、それは満月の夜であることが多いのだが、ドロボウガニのメスたちは岩だらけの海岸に移動して、海水の中に卵を産み落とす。海に落ちれば間違いなく溺れてしまうのだから、これはメスにとって危険な仕事だ。およそ四週間後、卵から孵ったドロボウガニの小さな幼生は、海流に乗り、潮の満ち干に身を任せて適切な海岸にたどり着く。そこで彼らは陸に這い上がり、その後二度と海に戻ることはない。

ドロボウガニはヤドカリに似ており、産まれたばかりの小さなカニは、多くの近縁の種と同じように、ちょうどいい棲みかとなりそうな貝殻を探す。彼らは、より大きく、ゆとりのあるものへと貝殻を次々と脱ぎ替えていくが、ある年齢に達すると、ヤドカリのほかのすべての種とはちがって、自前の甲羅を発達させ、その後は貝殻漁りを卒業して暮らすようになる。しかし、自ら作り出したものであるにもかかわらず、この甲羅はまったく大きくならない。そのため、この巨大なカニは毎年土中に潜って脱皮しなくてはならない。カニは古い甲羅を脱ぎ捨てると、より大きいあらたな甲羅を自ら作り出す。この手順はずっと、年々歳々死ぬまで繰り返されるが、なんと彼らは最長一〇〇年も生きるのだ！

密林での追跡

わたしたちがクリスマス島での調査を開始した当時、ドロボウガニの一生についてはほとんど知られていなかった。そこで、何匹かを追跡して、彼らがどのように暮らし、どんなふうに移動しているかを調べることにした。具体的には、かなり大きめの何匹かに、GPS追跡装置の入った小さなバックパックを背負わせた。カニが密林を移動するあいだじゅう、追跡装置が衛生と交信してカニの位置情報を示すGPS座標が表示される。データはその後バックパックの内部に保存された。

保存された情報を収集するには、そのカニまで一〇メートルほどの距離まで近づいて、ワイヤレスでデータをダウンロードしなくてはならなかった。そこまで接近すると、ダウンロードがはじまったときに内蔵の音波発振器がたてる音まで聞き取ることができた。追跡装置は一台およそ一〇〇〇ユーロ〔約一五万円〕で、カニの後をずっとついていくことは不可能だったから、装置を背負わせたカニを再発見することはいつでも祝うべきことだった。

カニを見つけたら、データのダウンロードはほんの数分で完了した。データをコンピュータに移行すると、そのカニが姿を消していたあいだ、どこまで歩いていっていたかをつぶさに見ることができたし——そのカニがそのとき何をしていたかを推察させる情報もいくらか入手することができた。ときには、一匹のカニが一週間に二キロメートルもの道のりを歩いていたこともあったし、一週間ただひたすらじっとしている場合もあった。

砂浜でのセックス

ドロボウガニに関してあらたにわかったことの一つは、彼らの性行動と交配に関することだった。ドロボウガニの生殖の生態は長いあいだ謎に包まれていた。メスが海に卵を産み落とす様子は観察されていたが、わたしたちが知りたいのはそれ以前に何が起きているのかということだった。それについてはまったくわかっていなかった。調査を開始したとき、わたしたちには明らかにすべき二つの事実があった。カニはどのようにパートナーと出会うか？　彼らはどのように交配するか？　である。

追跡調査から、大きなオスが、山地熱帯雨林で一度に何週間もじっとしていることがあるとわかっていた。その後、彼らはある日突然、一キロメートル離れた海岸へ向かって出発する。彼らと同じルートをたどってみたところ、海沿いにはメスのカニがいて、そこは多くの場合、海辺に近い淡水が溜まった洞窟だった。その洞窟で、わたしたちは記録に残るはじめての（わたしたちが知るかぎりでは）ドロボウガニの交配の様子の観察に成功した。興味深いのはカニたちが「正常位」で交配していたことで、オスがメスのカギヅメを掴み、ゆっくりとメスを仰向けにして交配をはじめるのだった。

その後の産卵は、かならずしもすんなりとは進まなかった。産卵には淡水の洞窟が重要な役割を果たしているようだ。最適な潮汐を示す月相を待つために、交配を終えた何百匹ものメスがあちこちの淡水の洞窟に集まってきた。ロープを使ってそうした洞窟の一つに降りたわたしは、デイビッド・アッテンボロー〔すぐれた環境ドキュメンタリー作品を撮りつづけている動物学者〕の映像に出てきそうな、めったに見られない光景を目の当たりにした。洞窟の壁という壁に、卵をもった、ツヤツヤ光るメスが点々と並んでいたのだ。

危険な食べ物

追跡調査で観察したドロボウガニのもう一つの行動は、ある種の木のまわりに何百匹もの大きなカニが集まっていたことだ。カニが集まっている木は、いつも決まってこの地域固有のサトウヤシだった。このヤシは果実のような種をつけ、ドロボウガニはこの種にいやおうなしに引き寄せられているようだった。のちにわたしたちは、じつはドロボウガニは、サトウヤシの実が熟すのを少なくとも一週間前には予測できること、そして彼らが、木が放出する匂い信号を頼りにその時期を知ることを証明した。実が熟す時期が近づくと、大きなオスのカニが、実を味わうために危険を冒してヤシの木を登っていく姿も観察できた。

経験主義的科学者であるわたしは、（愚かにも）カニたちがこの木の実のどんな味を好んでいるのかを調べてみようと考えた。そして熟した実をつけた一房を取ってくると、二、三粒の実を口に放り込んだ。とんでもない判断ミスだった！　実をひと嚙みするなり、口中がしびれて息をするのも困難になった。実は間違いなく有毒だった。

不安なまま数分が過ぎて、ようやく症状が収まった。口にも舌にも感覚が戻ってきた。わたしはほっとした。ところがこのとき同行していたレンジャーは、わたしの妻に一つ聞きたいことがあるようだった。それは、この男は本当に分別がある大人なのか？　ということだ。

この逸話からは、科学者が学ぶべき教訓が読み取れる。それは、観察を行う際には十分注意する必要があるということだ。サトウヤシの実の威力を思い知ったわたしは、その場に腰をおろし、ドロボウガニが実を食べる様子をすぐそばで、つぶさに観察した。すると、カニがカギヅメを巧みに使って実の多肉質の部分を丁寧に剝き取っているのがわかった。その後、カニたちは中の種を割り、内部にある脂肪分が多い毒のない部分を美味しそうに食べた。カニは賢く、人間のなんと愚かなことか……。

ドロボウガニは、サトウヤシの別の部分も好む。木が強風でなぎ倒されると、かならずほんの一、二日後には大量のドロボウガニが折れた幹に誘い寄せられてくることに、わたしたちは気づいた。そこで嵐を再現し、一本のサトウヤシを切り倒して幹を割ると、木の髄が剝き出しになった。すると一、二日後に多数の大きなカニが幹の折れた部分に集まって、喜び勇んで髄を貪り食べた。しばらくすると、カニたちはまるで酔っ払っているかのような動きを見せ、よたついたり、ときには倒れ込んだりするものもいた。

髄の匂いを嗅いでみると、明らかにアルコール発酵が進んでいるのがわかった。折れた木は、ドロボウガニの酒場と化していたのだ！

ドロボウガニは匂いがわかるのか？

二〇〇三年にはじめてクリスマス島に着いたとき、これから研究することになる生物についても環境についても、漠然としたイメージしかもっていなかった。四歳と六歳の二人の子どもを連れたわたしたち家族は、この年の秋の終わりにクリスマス島に向かう長い旅に出発した。旅はすべて順調だったが、クリスマス島への飛行機の着陸は、控えめに言ってもめったにできない体験だった。島の仮設滑走路は、世界でもっとも危険な滑走路の一つに数えられるもので、パイロットは着陸に三回失敗すれば、給油のためにジャカルタに引き返すことを余儀なくされる。幸運にもわたしたちを乗せた飛行機は一度目で着陸に成功したが。

わたしたちは、ドロボウガニを捕獲していくつかの実験を行う許可を得ていた。そして到着初日の夜に、乗り古したトヨタ・ハイラックスで道路を走ってみた。すると驚いたことに、道中、巨大なカニをたくさん捕獲することができた。しかしわたしたちは、このカニがどれほど強い力をもっているかをまだ知らなかった。捕獲したカニをバケツに入れ、逃げられないように車のスペアタイアで蓋をしておいた。ところが朝になってみると、カニたちは二五キロのタイヤをいとも簡単に押しのけて逃亡していた。幸運にも、熱帯多雨林にはほかにも多数のドロボウガニが生息していた。

事実を証明する

ある生物が嗅覚をもっていることを証明するための主な実験方法は三つある。行動学的、生理学的、形態学的実験である。わたしたちは、そのすべての実験をクリスマス島の熱帯多雨林にある古びて崩れかけたレンジャー詰め所、ピンクハウスの中や周辺で実施した。ドロボウガニが資源を探すために実際に嗅覚を使っているかどうかを確かめるために、わたしたちはまず、彼らが本当に好む食べ物は何かを調べることにした。

ドロボウガニは、ココナッツの果肉やサトウヤシ、それにアカガニの死骸などを食糧とする。真夜中、わたしたちは匂いを放つそれらのさまざまな食物を入れた袋を取り付けた竿を、地面に突き立てた。するとすぐに、複数の大きなドロボウガニが餌に近づいてくるのが見えた。熱帯地方の夜の真っ暗闇の中で、カニたちが匂いを頼りに好みの食物に近づいてきているのは明らかだった。一つ目の事実が証明された。ドロボウガニは匂いがわかり、嗅覚を使って資源を探し当てている。

次に、わたしは大学院生のマーカスと一緒に「実験室」に向かった。実験室とは名ばかりで、実態は机が一台と椅子が二脚あるだけの空き部屋だった。しかし、運よく移動式の電気生理学装置をもってきていたので、ドロボウガニの触角を一本抜いてこの装置につなぎ、匂い刺激をあたえて発生する電気的神経信号を測定することができた。なぜ触角なのか？　実験し慣れていた昆虫が、触角に嗅覚をもっていたからだ。ただし甲殻類は二対の触角をもっているため、その両方を調べる必要があった。実験の結果、そのうちの一対が、自然の匂いと人工的な匂いの両方に対して非常に強い電気信号を発生させることがわかった。二番目の事実が証明できた。ドロボウガニは第二触角に嗅覚をもっている。

形態学的研究では、ドロボウガニの脳を多数集めた。その際には、輸出用のクリスマス島リン酸塩を積んだ大型貨物自動車にカニが毎夜のように轢《ひ》かれている悲しい現実を利用した（本章末参照）。時折、車に轢かれた直後のカニから脳を取り出せることがあったので、そのチャンスを活かすことによって、わたしたちの実験がこの素晴らしい生物にあたえる負の影響を最小限に留めた。取り出した脳を化学的に保存し、ドイツに持ち帰って最先端の顕微鏡で観察し、第三の事実の検証を開始することができた。それは、ドロボウガニの脳は、どのような進化を経て空気中の匂いを嗅げるようになったのか、ということだ。

匂いを嗅ぐ脳

クリスマス島の研究室より明らかに先進的な本国の研究室に戻ったわたしたちは、ドロボウガニの嗅覚系を触角から脳の内部にいたるまで詳細に調べはじめた。ドロボウガニの触角は昆虫の触角と似ている部分もあったが、化学受容剛毛と呼ばれる密生した毛に覆われていた。この化学受容剛毛には数え切れないほど多くの嗅細胞があって、さまざまな匂い分子を検知していることがわかった。匂い分子がどのように同定されているかを知るために、発現させうる嗅覚受容体を示す遺伝子を探した。その結果、陸に棲むこのカニが、過去に水中で暮らしていたときの嗅覚受容体を保持しており、しかしその嗅覚系が何らかの適応を経て空中でも機能するようになっていることが明らかになった。

では脳はどうだろう？　ここでわたしたちの研究チームは、甲殻類の脳の専門家であるステフェン・ハーチを迎え入れた。彼と協力してドロボウガニの脳へと続く嗅覚経路をたどってみたところ、そこで待ち受けていたのは驚くべき事実だった。ドロボウガニは、脳のほぼ半分を匂い情報の処理に使っていたのである。進化によって発達をうながされた結果、脳のいくつかの部分は眼柄〔ヤドカリなどで目がついている細い棒のような部分〕へと押し上げられ、行き場を失った両目は、眼柄の端にいかにも危なっかしくくっついている。昆虫に比べると莫大な数の嗅細胞が、すでに低次の脳において匂い情報の処理を行なっていた。

こうした初期の実験のすべてが、ドロボウガニが、陸生になってからの比較的短期間に、空気中の匂いを検知する非常にすぐれた嗅覚を発達させたことを示唆していた。そしてもちろん、それを知ったわたしたちは、クリスマス島をその後も何度も訪れ、現地の甲殻類の中で、食物連鎖の頂点に立つ長命の雑食性動物という、人間によく似た生態的地位を占めるようになったこの興味深い動物をもっと深く理解するための、新しい方法を考え出すことになった。

島に戻る

クリスマス島にある甲殻類の楽園をはじめて訪れたあと、わたしたちは嗅覚に頼るドロボウガニの生活をより深く知るために、さらに四度にわたってこの島への調査旅行を実施した。それに加えて、地元の生態学者である、ミッシェル・ドリュー、マイケル・スミスの二人のすばらしい協力を得て、長期的な実験も行えるようになった。GPS衛星による追跡調査を継続する一方で、何匹かの個体については、マイクロチップを装着して追跡調査を行なった。これは、多くの飼い主が飼い犬や飼い猫にマイクロチップを装着しているのと同じ方法である。

インジェクターで個体にマイクロチップを挿入することにより、それぞれの個体がどれだけ大きくなったかを計測できるようになり、ドロボウガニの本当の年齢をはじめて把握することができた。彼らは文字どおり一生成長しつづけるため、一年間にどれだけ大きくなったかを計測できれば、それを元にして年齢を計算できるのだ。ドロボウガニはじつに一〇〇歳の老齢にも達することがわかった――そして多くの個体がそうだった！

その後の調査旅行では、ドリービーチに野外研究所を設置した。そこは、六〇歳を超えて生きつづける高齢のオスたちがたむろすることで知られている浜である。この浜にはココヤシが群生しており、オスたちはヤシの堅い実をこじ開けるのに夢中だ。一個こじ開けるのに三日はかかるので、開いたときにはそれは貴重なごちそうとなる。しかしもちろん、そのあいだに数え切れないほどの争いや横取りも発生するので、わたしたちは開いた直後のヤシの実にカニがどのように引き寄せられるかを観察したいと考えた。

実験では、よく熟れたココナッツの実をナタで割って浜に置いた。するとわずか数秒後には、何匹かの大型のオスが熱帯多雨林のほうから近づいてきた。たちまち争いが勃発した。ココナッツの匂いがカニたちを誘引したのは明らかで、その証拠に、彼らから見えないようにココナッツの実を隠しても、ココナッツの果汁だけを置いても、同じ結果が得られた。

嗅覚研究者であるわたしたちは、もちろんドロボウガニをサトウヤシとココヤシに引き寄せる共通の匂い物質を特定したいと考えていた。そこで匂い標本をイェーナの研究室に持ち帰り、匂い成分を分析した。そして次にクリスマス島を訪れたときに、いくつかの合成した匂いを持参して実験を行なった結果、とくにアセトンが、ココナッツの自然な匂いと同じようにドロボウガニを誘引することがわかった。しかも驚いたことに、この匂い物質はサトウヤシにもココヤシにも含まれていたのである。

アカガニ

アカガニを見ずしてクリスマス島の動物の暮らしを語ることはできない。最長一〇センチの甲羅をもつ陸生生物のアカガニは、ドロボウガニよりもずっと、カニと聞いて人が思い浮かべる姿に近い。アカガニはその一生のほとんどを熱帯多雨林の下草の中で過ごすため、その生息場所の地面の大部分はじつは彼らの排泄物でできている。アカガニは、自然環境においてイモムシや昆虫と同様の生態的地位を占めている。アカガニは腐食性生物〔ある種の昆虫などの有機廃棄物を食糧源とする生物〕なのだ。

クリスマス島にはじめて着いた日、わたしたちはアカガニの大移動の真っ只中に足を踏み入れてしまった。大移動とは、島に棲む一億匹を超えるアカガニが、道路や、家の庭や、レストランを埋め尽くしながら、群れをなして島を横断することを指す。この時期、車の運転は島内の大部分の場所で禁じられ、アカガニ用の特殊な防護柵や横断路を備えたいくつかの道路だけは例外的に通行できる。とはいえ、実際に運転する場合は、だれかに車の前を走ってもらい、路上のカニを掃き避けてもらわねばならない。

　アカガニは、一匹残らず繁殖のために山地熱帯雨林から浜へと移動する。先にオスたちが浜へ下りて小さなわばりを形成する。メスの波がその後を追い、パートナー選びがはじまる。カップルとなったものたちは交配し、オスは森へ帰る。浜に残ったメスは、ドロボウガニと同じように月相と潮の満ち引きを頼りに適切な時機を待って卵を海に産み落とす。この種の場合もまた、卵と産まれた幼生は数週間海に留まり、その後小さな小さなアカガニとなって再び姿を現すと、まるで真紅のベルベットのカーペットのように、足並みを揃えて熱帯の森へ帰っていく。

　アカガニの成体の大移動も、小さな幼生が津波のように山へ戻る光景も、どちらもすばらしい自然の驚異である。ほかの種の生物もまた、このおびただしい数の生物の恩恵を受けている。メスが海に卵を産み落とすと、ジンベイザメが世界最大規模の群れをなしてクリスマス島のまわりを旋回し、小さな幼生を次々と食べてしまう。陸では、ドロボウガニやニッパークラブが、この尽きることのない食糧を分け合っている。

異なるカニ――異なる脳

　甲殻類は、異なる五種類の「カニ」に代表される異なる五つの事象によって陸に上がってきた可能性が高い。本章ではこれまでヤドカリと「普通の」カニを見てきた。それ以外にも、ザリガニ、ハマトビムシなどの端脚目の動物、そしてワラジムシなどの等脚目の動物がそれぞれ別々に上陸してきた。これらの五種の甲殻類の一族は、地上での暮らしに何らかの形で感覚系を適応させなくてはならなかった。ドロボウガニの驚くべき嗅脳に興味をそそられたわたしたちは、ほかの四種の甲殻類の脳の収集も開始した。

すると驚いたことに、陸上で暮らすようになって以来、彼らの嗅覚系はそれぞれまるで異なる進化の過程をたどってきたことがわかった。カニ、ザリガニ、ハマトビムシの嗅覚系は、水生や陸生の近縁の種とほとんど変わりがなかった。ヤドカリは、脳の匂い情報を受け取る部位が非常に大きくなっていた。それに反してワラジムシは、嗅覚をそっくり失ってしまったかのように見えた。陸生のワラジムシの脳の、水生の種では嗅覚系があるはずの部位には何もなかった。

おもしろいことに、砂漠に棲むゾウリムシは、失った嗅覚をまったく別の場所に「再生」したように見える。どういうことかというと、彼らはフェロモンを用いた複雑なコミュニケーション・システムを発達させていたのだ。鼻がないなんて耐えられない、というわけだ。しかしどちらが先だったのだろうか。ニワトリが先か卵が先か、卵が先かニワトリが先か……。

陸生となった異なる五種類の甲殻類を比較してみると、嗅覚系を著しく発達させた種がいる一方で、嗅覚系をすっかり失ってしまった種がいるのはなぜなのか、という疑問が湧いてくる。その謎を解き明かすにはさらなる研究が必要だろう。

楽園を脅かすもの

クリスマス島とその唯一無二の生態系はいま、主として二つの脅威にさらされている。一〇年ほど前から、非常に高い攻撃性をもつアリの一種、アシナガキアリが、インド洋や太平洋の島々に広がっているのだ。このアリは数ヘクタールに及ぶ巨大なコロニーを形成し、目についたあらゆるものを食べる。このアリは、クリスマス島のカニ社会に大惨事をもたらした。アリは小さく、カニは大きいが、アリはカニに群がりその目に酸を吹きかけて、視界を奪ってしまうのだ。

こうして、カニのいくつかの種が広範囲にわたって姿を消した。カニの不在は熱帯多雨林に直接的な影響を及ぼし、木がまばらだった疎林を完全な閉鎖林にしてしまった。クリスマス島のレンジャーたちは勝ち目のない戦いに挑んでいるように見える。彼らがアリを退治するためにまく毒餌は、ドロボウガニも引き寄せてしまう。だから、毒餌をまく前に、ドロボウガニを一つひとつ手で移動させておかなければならない。相当の手間だ。カニたちがこの脅威を生き延びられるかどうかは、いずれ時が明らかにするだろう。

少なくともアリと同じくらい甚大な被害をもたらしうるもう一つの脅威は、人間の活動によるものだ。クリスマス島は大部分が古代のサンゴ礁でできているため、土壌は豊富なミネラルを含んでいる。とくに多いのはリン酸塩である。そのため、島では以前からこの資源の採鉱が行われてきた。つまり木を切り倒し、巨大なブルドーザーで表土を削り取る作業が続いてきた。

削り取られた表土は巨大なトラック（だれもカニを路上から掃き避けないので、トラックはカニを踏みつぶす）でベルトコンベヤーまで運ばれる。ベルトコンベヤーは表土を貨物船に積み込み、船はインドネシアなどの遠く離れた場所にそれを届けて、現地の熱帯多雨林をパーム油を生産するプランテーションに変えることに加担する。この状況はまさに双方にマイナスの影響をあたえている。目先の利益のために、どちら側でも熱帯多雨林が壊滅的被害を被っているのだから。

多くの種がまさにその土地固有の生き物であるクリスマス島の動物たちにとって、生息場所を失うことはもちろん本当に悲劇的な出来事だ。手遅れになる前に、政治家たちが考えを変えてくれることを願うばかりである。

第12章

植物は匂いがわかるのか

植物が匂いを放っているのは明らかで、わたしたちは（たいていの場合）それを楽しんでいる。植物には鼻も小鼻も鼻孔もなく、それはつまり植物は自分自身の匂いさえ嗅げないということなのだろうか？　人の鼻の中にある嗅覚受容体が、人が嗅げる匂いを決めているように、植物も、ある種の化学的信号を検知するしくみをもっていると思われる。植物を擬人化するわけではないが、植物は、匂いを使って相互にコミュニケーションを取っているのだろうか、と考えることは構わないだろう。

この疑問についての最初の学術論文は、異なる二つの研究チームによって発表された。一つは、マックス・プランク化学生態学研究所のわたしの同僚、イアン・ボールドウィンがジャック・シュルツと行なった共同研究。もう一つはデイヴィッド・ローズとゴードン・オリアンズによるもので、どちらも一九八三年のことだった。彼らは、昆虫による食害を模して傷をつけた葉が放出する匂い情報は、風に運ばれて周囲の植物に届き、それらの植物の生化学的組成に変化を生じさせると述べた。そしてさらに重要なことに、この変化は、近隣の植物が自分の葉を攻撃してきた昆虫に応戦するのに役立つと主張した。この報告は主要な媒体に「話す木」と銘打って取り上げられて話題になったが、この分野を専門とする当時の科学者の多くが、これを酷評した。

あるいは植物は、自分に話しかけているだけなのだろうか？　一九九五年に発表され、ほぼ黙殺されたある論文は、植物間の対話ではなく、植物の内部である種の内なる対話が行われていることを初めて示唆したものだった。放出された揮発性の匂い物質が、植物内部の化学的伝達物質、つまりホルモンとして機能しているのではないか、と研究者らは考えた。ウィスコンシン大学のこの研究で、研究者らはシロイヌナズナ（学名 Arabidopsis thaliana）について、揮発性ホルモン、エチレンを感知する、揮発性物質受容体（エチレン受容体ETR1）の存在を突き止めた。シロイヌナズナは植物学におけるもっとも重要なモデル生物の一種である。

エチレンは、植物が生成する単純な化学構造をもつ気体であり、細胞過程ではもちろん、種の発芽や実の熟成などの生物学的過程においても、植物の成長や発達の調節を行う重要な役割を担っている。植物は、この気体を放出することも感知することもできるため、植物内である種のモノローグが生じていると考えることは理にかなっている。つまり、エチレンの気体はまさにホルモンの役割を果たしている。商業的な現場では、エチレンは植物の自然な成熟を促進するために利用されており、もっともよく知られている例は、バナナやアボカドである。

植物はたがいの匂いを感知できるという報告が最初になされてからほぼ四〇年が過ぎたいま、植物が空気に運ばれるある種の化学信号、現在では揮発性有機化合物（VOC's）と一般に呼ばれているものを使って、同種の個体の生存戦略を誘発したり、近くの植物やその他の生物を起点とする連鎖反応を引き起こしたりしていることは、議論の余地がない事実となっている。

これを本来の意味のコミュニケーションに分類できるかどうかについては、異論があるかもしれない。しかし植物が化学的信号を放出していること、そしてそのうちのいくつかが、その植物自身の別の部位だけでなく、ほかの植物や生物の反応や応答を誘発しうることは間違いない。非生物的ストレス（気温の変化や日照りなどの環境的な条件がもたらすもの）と生物的ストレス（菌類や昆虫などの生物がもたらすもの）の両方が、この化学信号の引き金となりうる。この相互作用は、自然界におけるコミュニケーションの一種なのだろうか？　植物の世界で何が起きているのか？

遺伝子発現

匂いを使ったこのメカニズムがうまく働くためには、もちろんそれが植物の遺伝機構にコードされていなくてはならない。先頃、東京大学の研究チームが、それが事実であることを確認した。植物のタバコをモデル生物とする一八年間におよぶ実験の結果、研究チームは、匂いが植物がもつある種の生存戦略を活性化していることを明らかにした。専門的内容は省略して結論だけ述べると、この研究によって、VOC's（揮発性有機化合物）が植物の遺伝子発現に影響をあたえていることが確認された。

遺伝子発現とは、遺伝情報に基づき、細胞内にタンパク質や、その他の機能性分子が合成されることを言う。その一連の過程の最初の一歩として、DNAの情報がメッセンジャーRNAに写し取られる。これが遺伝子読み取り過程、つまり転写である。

研究結果は、植物では、この転写の際に、VOC'sが転写コンプレッサー——遺伝子の発現を調節するスイッチの役目を果たすタンパク質——と結合することにより遺伝子発現過程に影響をあたえ、植物の行動に望ましい変化を引き起こしていることを示唆している。とくに重要なのは、この一連の反応を引き起こすためには、この匂い分子が植物の細胞内に取り込まれる必要があることが確認されたことである。つまり植物では、遺伝子に助けられて直接匂いを感知している可能性があるということで、これは匂いについてのまったく新しい考え方である。

これで植物がどのように「匂いを嗅いでいるか」がわかった。では、それによってどんな反応が引き起こされるのか？

緊急警報と入れ知恵

揮発性有機化合物（VOC's）は、周囲の植物に危険を知らせることができるのだろうか？　これもまたタバコを使った実験から、植物が放つ匂いは隣人からの警報として感知されうることがわかっている。研究チームは、草食動物に食害された植物の隣にあるタバコについて、草食動物による被害への抵抗力に測定可能な増加が見られることを確認した。なぜ、どのようにそうなるのかは十分にわかっていないが、植食者誘導性植物揮発性物質（HIPVs）と呼ばれるこの化学信号が重要な役割を果たしているのは間違いない、と研究チームは考えている。

植物が、防御策であるこうした警報信号を発するしくみはよくわかっていないが、このとき「入れ知恵」が重要な役割を果たしていることはわかっている。ある植物が攻撃されると、その植物は近隣のあらゆる同種の植物に、それぞれがもつ防御システムを発動させるよう前もって情報を伝える。それは多くの場合、フェノール系化合物やタンニンの化合物などの、攻撃者にとって有毒、有害な、あるいは不快な化学物質の生成をはじめよという指示だ。これは、たがいにつながり合う植物の世界における、ある植物から別の植物への利他的なメッセージなのだろうか？あるいは、植物が手を組んで、共通の敵に対する集団的防衛を開始しようとしているのか？

ドイツの本職の森林管理管で『樹木たちの知られざる生活』という興味深い本を書いたピーター・ヴォールレーベンのように、まさにそのとおりだと、雄弁に、おもしろおかしく語る人々もいるだろうが、一方で、植物間に本当の意味でのコミュニケーションは存在しない、と否定する科学者たちもいる。彼らは、植物の間で起きているのは単なる「立ち聞き」で、立ち聞きによって警報信号を検知した植物が警戒モードに入るだけのことだ、と主張した。植物は定着性の生物であるから、警戒を呼びかける匂いをできるだけ多く「立ち聞き」したり「傍受」したりすることが、生存のチャンスを高めるのだ。

入れ知恵の理由が何であれ、危険が迫っているときに、備えができているほうがいいのは間違いない。そのとき起きているのが本当の意味のコミュニケーションなのか、それとも情報の受動的拡散なのかを明らかにするためには、さらなる研究が必要だ。総じて、多くの研究が、植物は周囲の植物に警戒を呼びかけるよりも、周囲の植物の警報を立ち聞きすることのほうが多いことを示唆している。これは理屈に合っていると思われる――近隣の植物は、食糧や生存をめぐって同じ環境内で競い合う相手でもあるから、自分が生き延びることを優先することはかならずしも悪いことではないのだ。

菌類についての補足

樹木についての話をもう少し続けよう。本書のテーマからはすこし外れるが、ブリティッシュコロンビア大学の森林生態学教授、スザンヌ・シマードの業績をぜひ紹介しておきたい。話し上手でもあるシマード教授は、カナダの森林の研究を三〇年以上続けてきた。数々の長期にわたる実験の結果、彼女は、森の木々が非常に広範囲にわたるネットワークを自ら形成し、地中のアーバスキュラー菌根菌（ＡＭＦ）網を生存のために利用していることを明らかにした。真菌の一種であるこの菌は、木々をネットワークでつなぎ合わせて支援をしている（ネットワークを作ることによって利益も得ている）。

ＡＭＦは樹木の根をつなぎ合わせ、それを介して情報や資源のやりとりができるようにしている。シマード教授が「ウッド・ワイド・ウェブ」と呼ぶこのネットワークは、樹木が草食動物に対する防御を固めるのを助ける働きをする一方で、樹木が共同して、炭素や窒素、水などを必要とする木々に分けあたえられるようにもしている。シマード教授は、森林に存在するこの生態ネットワークやつながりを、航空システムや交通網などの人間社会のネットワークに喩える。そして地下鉄と同じように、この森林のネットワークも大部分が地下で稼働している。このネットワークと揮発性の匂い物質の関わりに関しては、まだあまり見解が示されていないようだが、今後に期待したい。

この真菌ネットワークはまた、植物や樹木の免疫系を高める働きもしている。防御に関連する化学物質の生成をうながす手助けをしているのだ。生成されたこれらの化学物質は、免疫系の反応をより早くより効率的にする。ここで話は再び「入れ知恵」に戻る。

理想的な防御

入れ知恵は、その植物のすばやい行動もしくは反応をうながし、防御のための初動体制を取らせる。これはとても重要で、なぜならそれによって、草食動物や寄生生物に対するその植物の防衛能力が高まるからだ。入れ知恵は、植物自身の免疫系を呼び覚まし、準備を整えさせる一種の合図なのである。前もって情報をもらった植物は、将来に直面するあらゆる種類の似たような脅威に対して、より迅速に、効果的に身を守れるようになる。生物がこうした入れ知恵をすることもあるが、植物が放出するホルモン物質やVOC'sなどの化学的信号も合図となりうる。

植物の生存にとってきわめて重要なのは、植物の発達のあらゆる段階で、またその植物のあらゆる部位が、この情報を受け取れることだ。入れ知恵とは基本的に、その植物に、ある種の草食動物や病原体からの攻撃に対する厳戒態勢をしかせることだ。入れ知恵の最終目標は、その植物に適切な反応をする準備をさせることで、つまり、植物の防御反応を誘発し、昆虫や病原体に対するより強靱な抵抗力を呼び覚ます遺伝子を発現させることなのである。ではこの情報を匂いが伝えることはできるのか？

いくつかの研究が、匂いによる入れ知恵が可能であることを示している。そうした研究の一つ――スウェーデン、ボスニア・ヘルツェゴビナ、イタリア、アメリカの共同研究だ――は、植物は、触れられただけでも被害を訴える匂いを放出し、その匂いはそれだけで同種の植物に「迅速かつ同時発生的な防御」と研究チームが名づけた反応を引き起こすことを示唆している。この研究で観察された防御反応とは具体的には、アリマキ――植物の葉や芽から生気を奪うあの樹液を吸う害虫――が実際に近づいてくる前に、その植物がアリマキの宿主としてより望ましくない状態に変化することである。

さらに興味深いのは、この匂いによる合図が、最初にこの匂いを発した植物自身にとって重要な意味をもっている可能性があることだ。匂いが空中で四散し、拡散することを考慮すると、この匂いの本当の標的は近隣の植物ではなく、匂いを発した植物自身のさまざまな部位なのかもしれない。では、離れた場所についている葉や芽に危険を知らせることで、その植物が利益を得ることはあるのだろうか。とくに植物の部位同士が維管束系によってうまく連結されていない場合は、VOC'sが揮発性のホルモンとして、植物内部の情報伝達のための外部からの速やかな合図の機能を果たしている可能性がある。

いま話してきたのはすべて、いわば植物間の、また植物内部の相互的作用だが、こうした匂いがほかの生物との間で機能することはあるのだろうか？

三者系——助けを求める

植物は攻撃されると、被害を訴える一種の合図としてVOC'sを放出する。文字どおり地面に根づき、逃げることのできない植物にとって、こうした生化学的メッセージは重要な防御手段である。この生化学的メッセージがうまく機能するように、植物は生態的ネットワークと呼べるものを形成している。もちろん、植物が利益を得るためには、この合図がネットワーク内のターゲット層にちゃんと届く必要がある。そして助けを求められた生物もまた、SOSに応えることによって利益を得られなくてはならない。そうでなければ、なぜわざわざ出ていく必要があるだろう？

これは三者系と呼ばれる概念で、三種の生物が相互に作用し合う関係である。簡単に言うと、植食者による攻撃を受けた植物は、救助者を呼ぶための化学的メッセージを放出し、救助者である同じ生態系ネットワークに棲むほかの生物――多くは寄生蜂――に助けを求める。メッセージを受け取った生物は助けにやってくるが、彼ら自身もまたこの相互的関係によって、宿主となる美味しい幼虫を見つけられるという利益を得ている。とくに驚くことではないが、命を助け、保護するその行動から、助けにやってきた生物はしばしばボディーガードと呼ばれている。

個々の生態系ネットワークがどんな生物を救助者とし、彼らがどんな利益を得ているかは、その土地の環境や植物の種類、草食動物の種類次第で大きく変わってくる。しかし概して、植物の多くの種がこうした能力をもっているようだ。植物は、この間接的な防御のメカニズムを自分の身を守るために、あるいは彼らを攻撃してくる植食者の天敵を呼び寄せて植食者に怪我を負わせ、殺し、嫌がらせをさせるために、利用している。これは、植物にとって効率の良い防御作戦なのだ。

芝を例にとって考えてみよう。テキサスA&M・アグリライフ研究所は、このどこにでもある植物が、緑の香り〔オキシリピン代謝におけるヒドロペルオキシドリアーゼ経路により合成される、炭素数6のアルデヒド、アルコール、およびそれらのエステルの総称。いわゆる緑葉香や青臭さの主成分〕を放出し、それは人にはお馴染みの切断された植物の匂いであるだけでなく、寄生蜂に窮状を訴えるサインでもあることを確認した。芝は自らの組織が損傷されたときにこの香りを放つ――損傷の原因は、あなたが使っている芝刈り機のこともあるが、いい香りのする芝の葉に牙のような大顎を食い込ませた一匹のイモムシのこともある。緑の香りは脂肪酸から生成され、多くの植物に見られる複雑な信号発信メカニズムに関与し、ホルモンであるジャスモン酸と共同して植物の防御反応を呼び覚ましている。この緑の香りは迅速に放出されるため、植物にとって即効的な武器となる。

寄生蜂と芝の関係では、ハチはあたりに漂う緑の香りに誘われてやってくる。その香りが植物の損傷を意味することをハチたちは知っているように見える。さらには、その傷をあたえたのが、彼らにとってよい獲物となるかもしれない何か、つまりイモムシであるということも。寄生蜂は、芝を傷つけた容疑者らしきイモムシを見つけると針で刺し、その体内に卵を産みつける――その行為によって刺されたイモムシの生殖周期は停止し、ハチは芝を多いに助けることになる。

揮発性物質を利用した防御のメカニズムをもっているのは芝だけではない。わたしの同僚のジョナサン・ガーシェンゾンとシビル・B・アンシカーをチームリーダーとする共同研究から、セイヨウハコヤナギは、植食者の攻撃を受けると特殊な匂いの混合物を放出し、植食者であるマイマイガ（学名 Lymantria dispar）を攻撃させるために、偽寄生虫であるコマユバチ（学名 Glyptapanteles liparidis）を呼び寄せることがわかった。

わたしの実験室での、この寄生蜂についての電気生理学的および行動学的実験と、ベルリンの東を流れるオーデル川沿いのポプラの自然林での野外実験の結果から、この寄生蜂のなかでもとくにメスが、すぐ隣にある食害されていない葉よりもマイマイガに食害された葉に強く誘引されることがわかった。さらには、匂いの混合物が植食者をきっかけに放出されること、そしてこの匂いの混合物が寄生蜂の誘引に関わっていることも証明できた。

おもしろいことに、この誘引に関与しているのはテルペン〔植物、昆虫、菌類などに含まれる脂溶性の有機化合物の総称。リモネンやカロテンなども含む〕や緑の香りではなく、主として匂いの混合物に含まれる窒素化合物であると思われる。食害された葉と食害されていない葉に見られる、揮発性の匂い物質の放出の仕方のちがいは、ジャスモン酸塩〔エステル〕による信号と、植物の各部位で行われる揮発性匂い物質の生合成によって調整されていると思われる。揮発性匂い物質はここでも、寄生蜂が宿主となるイモムシを見つけるのを助ける重要な役割を担っているのだ。

樹木の場合も芝の場合も、寄生蜂と植物は明らかにこの揮発性の匂い物質の恩恵を受けている。しかしイモムシはそうではない。

攻撃下の適応的反応

植物の種類と受けた攻撃のタイプに応じて、植物は植食者から逃れたりあるいは彼らを陥れたりするために、アロモンや、場合によってはシノモンを使っているようだ。植物は、攻撃者の種に応じて放出する匂いを適応的に調節し、望みどおりの結果を得ることができる。どのように行なっているのか？

植物はつばを吐かないが、つばを吐かれたことにはちゃんと気づく。昆虫は植物を食い荒らす際に、食べ物探しの行程に沿って唾液の跡を残していく。彼らがそうするのにはある目的がある。唾液には、植物の防御反応を抑えて彼らのために より長い食事時間を確保する効果があるのだ。しかし、植物が唾液に気づいたときには、彼らは昆虫とその唾液が意味する危険を察知して適切な反応を開始する（植物が唾液に騙されて反応しないこともありうる。唾液には植物の防御反応を弱める効果もあるからだ）。植物がどう反応するかは、その植物と攻撃してきた昆虫によって異なる。しかし多くの場合、その反応には匂いのメッセージと、先に説明した入れ知恵が関与している。

敵対的行動

匂い情報がもっと敵対的な攻撃に利用されることもある。昆虫やその他の動物が、匂いを手がかりに宿主となる植物や食糧となる植物を探し当てることは、よく知られている。植物同士の間にも似たような関係は観察されているのだろうか？　今から一五年ほど前に、ペンシルベニア州立大学のコンスエロ・デ・モライスと彼女の研究チームが、寄生性の植物ネナシカズラを使って非常におもしろい実験を行なった。

ネナシカズラ自身は光合成をまったくしないため、宿主を見つけて侵入し、そこからエネルギーを抜き取ることでしか生きられない。ネナシカズラが作る種子は非常に小さく、発芽したらすぐに宿主を見つけられる効率的なしくみが必要となるが、ほかの利害関係者たちのように羽や足に頼って移動することもできない。では、地面から顔を出したばかりのその場から動けない小さな種苗は、いったいどうやって宿主を見つけるのか？

コンスエロは、地面から芽を出したネナシカズラが、あたかも何かを探しているかのようにゆらゆら揺れる奇妙な動きをする様子をすでに観察していた。その後の最初の実験で、ネナシカズラの種苗をトマトの苗（ネナシカズラが好む植物である）の隣に置いてみると、ネナシカズラは明らかにトマトに向かって伸びた。ネナシカズラのこの能力を試験場で統計学的に検討したところ、ネナシカズラはなんと八〇パーセントの確率で宿主のほうに伸びた。しかし、そのときネナシカズラはどのような種類の情報を利用したのか？

研究チームはいくつかの異なる可能性を検証し、最終的にただ一つ残ったのが化学的情報だった。そこでトマトの匂いだけがネナシカズラの種苗に届くように設計された実験を行なった結果、やはりネナシカズラにはトマトの匂いの源に向かって伸びる傾向があることがわかった。一方、ネナシカズラにとってよい宿主ではない小麦で実験すると、トマトのときのような誘引はまったく見られなかった。

ネナシカズラがトマトに誘引されるとき、どんな匂いがそこに関わっているのか？　トマトの匂いが採取され、分析の結果八つの化合物が特定された。その八種の化合物の混合物を用いて実験すると、ネナシカズラは人工的なトマトの匂いのほうに見事に伸びていった。最終的に三つの匂い物質が主要な誘引物質であることがわかった。一方小麦では、一種類の匂い物質が、ネナシカズラが新芽をそちらへ伸ばすのを妨げていることがわかった。

そういえば、匂いを頼りに獲物を攻撃する植物の映画があった。哀れなトマトに新芽を揺らしながら近づくネナシカズラの映像を見ていたら、植物によってこの世界が征服される様子を描いた一九六二年の映画、『トリフィド時代』〔邦題『人類SOS! トリフィドの日』〕を思い出した。いま現在は、植物の行動について論じられることも多くなり、将来的には植物のこうした能動的プロセスについてより広範な実態が明らかになるだろう。

世界の食糧危機に対処する

気候変動にともない、食糧不足はますます人類を脅かす重大な問題となっている。増えつづける世界人口が必要とする食糧を供給するためには、今ある作物よりも栄養価が高く、さらには回復力《レジリエンス》も高い作物が必要である。「植物のコミュニケーション」についての知見を、より持続可能な形で世界に食糧を供給するために活かすことはできるのだろうか?

植物に立ち聞きする能力があるという知識を生かして、科学の世界では、ある種の植物について、回復力を高め、結果的に収穫量の増加につなげることを目的に、二種類の植物をペアにして栽培する興味深い方法が試行されている。

こうした持続可能な栽培法の一つに、攻撃に対する防御態勢に入っていないときでも非常に強い香りを放つことで知られるミントを使った効率的な病害虫管理がある。

東京大学の研究グループが、大豆がすぐ隣で栽培されているキャンディミントやペパーミントが放出するVOC'Sに反応することを立証した。ミントの香りは大豆の防御機能を刺激し、あるいは高め、結果的に植食者による食害を受けにくくした。この研究で植食者とされたのはコナガ（学名P.xylostella）であった。ミントの香りが届く距離にあることにより、大豆は敵の姿がまだ見えていないうちから、あらかじめ戦いに備えることができた。

しかし、収穫量を増やしたいというわたしたちの強い思いが、作物が本来保有する自然な防御のしくみそのものを妨害してしまう危険性はないのだろうか？

壊滅的な損失？

ここでちょっと、世界でもっとも注目すべき作物の一つに目を向けてみよう。トウモロコシ（学名Zea mays）である。近年、トウモロコシは世界の生産量で米や小麦を抜いている。家畜の餌として、またバイオ燃料としても重要なトウモロコシは、多くの国々でもっとも大切な主要生産作物となっている。

もっともっと回復力の高いトウモロコシを作らねばならないという必要に迫られて、わたししたち人類は作物の品種改良や植物の栽培化〔人間の管理の下、野生植物の保護、交配、品種改良を行なって栽培品種にすること〕の道を選んできた。収穫高を増やす一方で、こうした極端な方法が、トウモロコシが本来もっている、VOC'Sの放出という間接的な防御のしくみに歪みをもたらすことはないのか？　これは複雑な問題であり、そう簡単に明確な答えが出せるとは思えない。

一方で、作物の栽培化が植物と植食者、そしてその天敵間の相互作用を変化させる可能性があることを示す証拠が次々と示されている。いくつかの研究が、品種改良が、植食者である昆虫に対する作物の化学抵抗を弱める可能性を指摘している。そのため植食者は、罰を受けることなく作物により多くの食害をあたえられるようになった。他方で、こうした栽培化によって、より回復力の高い、生産効率のいい栄養豊富な植物が生まれている。この利点にマイナス面を上回る価値があるのだろうか？

この問題についての研究では、しばしば、栽培化されたトウモロコシのハイブリッド種と、人の手があまり加えられていない在来種の比較が行われる。危険な病気であるコーン・スタント・スピロプラズマを媒介するヨコバイに食害されたトウモロコシが揮発性有機化合物をどのように放出するかを調べたある研究からは、在来種のほうがより多くの揮発性有機化合物を放出し――非常に効率的に寄生蜂を誘引できたこと、そしてハイブリッド種ではそのような特性が失われていたことが明らかになった。

ほかには、工業型農業で使われている、トウモロコシのなかでも生産性の高い種に、植物のコミュニケーションに関する知識を利用してさらに持続可能な高い防御力をもたせる方法を模索する研究もある。そのうちのある研究では、植物の防御機構を活性化し、植食者に対して忌避作用のある物質を生成させることで知られるｃｉｓ－ジャスモン（ＣＪ）が、トウモロコシに投与された。研究チームは、トウモロコシ縞葉枯病ウイルス（ＭＳＶ）の重要な媒介者である別種のヨコバイ（学名 Cicadulina storeyi）に対するトウモロコシの防御力が、ＣＪの投与によって高まるかどうかを詳しく調べた。

その結果、ヨコバイは事前にＣＪを投与されていないトウモロコシをより好むことがわかった。ＣＪを投与されたトウモロコシは、より迅速にVOC'Sを放出するようになり、おそらくヨコバイの天敵をより効率的に誘引できると思われた。このエピソードは、トウモロコシの品種改良の歴史における興味深い新事実と言えるだろう。

こうした知識が生かされているのは地上だけではない。トウモロコシとVOC'Sに関しては、地面の下でも数多くの作用が起きていることを複数の研究が明かしている。これもまた、わたしの同僚であるジョナサン・ゲルシェンゾーンが参加した研究だが、研究チームははじめて、植物の根の部分から放出されるVOC'Sを特定することに成功した。

トウモロコシは、いま現在ヨーロッパに侵入中のトウモロコシの害虫、コーンルートワーム（学名 Diabrotica virgifera）の幼虫による食害に反応して揮発性化合物、（Ｅ）－βカリオフィエルをその根から放出する。野外実験から、この揮発性の匂い物質が昆虫病原性線虫を誘引し、軟体の益虫であるこの線形動物は害虫を感染させて殺してしまうことがわかった。興味深いことに、また予想外にも、とくにアメリカで栽培化されたトウモロコシのほとんどが、このVOC'sを生成する能力を失っていた。ブリーディングバック〔絶滅した野生型の先祖に似た表現型をもつ動物種を作るため、意図的に選択交配させる技術〕を行うことにより、より高い回復力をもつ栽培変種を作れるかもしれない、とゲルシェンゾーンは言及している。

トウモロコシの穂軸一つあたりの実のつき方を増やすために品種改良を行う場合は、トウモロコシのその他の生態的要因を忘れないことが重要である。自然条件を考慮に入れず、実験室や温室での品種改良に基づいて理論的収穫量を最大限に増やそうとすると、植物ブリーダーは実際の農場で大きな不利益を被ることになるかもしれず、農場サイロに届く収穫量が減ってしまうかもしれない。

ほんの少し

本章では、変化しつづける環境や生態系ネットワークの中で生き延びるために、植物がどんなふうに匂いを利用してきたかをほんの少しだけお話しした。自然界の植物が、生まれもった防御のしくみをどのように調節しているかを理解することは、持続可能な農業においても、世界の経済においても重要なツールとなる。そうした知識は、より効果的な植物保護戦略や、より効率的な環境にやさしい作物の開発につながりうる。第14章では、この領域におけるいくつかの成功例を、わたしが個人的に気に入っている二つの事例も含めて紹介する。しかしその前に、次章では、植物が匂いを使って受粉行動を誘引していることも含めて、生物が他者を騙すためにどのように匂いを使っているかをお話ししよう。

第13章

匂いの詐欺師たち

人の知覚のなかには、非常に高い確率で決まった行動を取らせるものがある。たとえば、あなたがついうっかりホットプレートに触れてしまったら、かならずすぐに手を引っ込めるだろう――何も考えずにそうするだろう。これは反射作用である。匂いがこれと似たような反応を引き起こすことがある。この世には、人を引き寄せるたまらなくいい匂いがある。一方で、どうしても避けたくなる不快でしかない匂いもある。そしてこの種の匂いは、あなたにとって見逃したり無視したりするわけにはいかない何かのサインであることが多い。

人の場合は、匂いによって重大な何かに気づくことはめったにない。人間以外の種、とくに昆虫では比較的よくあることだ。昆虫はしばしば、活性化すると常にある決まった行動を誘発する脳内の神経回路、つまり脳回路に頼って動いており、これを生態学的ラベルドラインと呼んでいる。人の行動でこのラベルドラインにもっとも近いと思われるのは、空腹のときに嗅ぐ食べ物の匂いや、家の中に漂うガスの匂いへの反応だろう。どちらの場合も、匂いは人に決まった行動を取らせるが、それでもそのときの行動は、脳で行われるその他の多くの処理の影響を受けている。しかし動物の場合は、そうでないことが多い。

比較的認知能力が低い動物では、この種のラベルドラインが安全装置として進化的に発達してきた。ラベルドラインは、とくに生死に関わる状況に直面したときや、希少な資源が関わっているときにその動物に適切な行動を確実に取らせる働きをしている。ハエや蛾についての章で、生殖や食べ物、敵が関わる場面で、嗅覚情報を処理するこの種のラベルドラインが、どのように彼らに本能的反応を取らせているかを説明した。

ある種の危機的状況において、反射作用のような形で間違いなく適切な行動を取らせてくれるしくみを保有していることには大いに利点がある。しかしそこには欠点もある。決まった反応をするということは、ほかの生物にそれを利用される恐れもあるからだ。彼らはある種の匂いを放つことによって、あなたに自分の思いどおりの行動を取らせることができる。また、彼らは自分たちの目的に応じて匂いを変えてくるかもしれない。あるいはまた、あなたを操作するためにある種の匂いを放つこともある。

報酬なし

いくつかの種類の花は、匂いで騙す生物のなかでも飛び抜けて抜け目がない。彼らは昆虫を騙して受粉を担わせ、自分たちだけが利益を得ている。今を遡る一七〇〇年代後半に、ドイツの博物学者であるクリスティアン・コンラート・シュプレンゲルは、ランの花がどんな見返りも報酬もあたえずに昆虫を誘引して受粉行動をさせていることを、すでに発見していた。その後一八〇〇年代半ばに、ダーウィンがシュプレンゲルが提唱した無償の受粉行動についての追跡研究を行なった。わたし自身も昆虫のこの行動についてのいくつかの研究を実施してきた。そしてそのたびに、シュプレンゲルやダーウィン同様、彼らのあまりのずるさに衝撃を受けてきた。

最終的に、ランが昆虫を騙す際にはいつも、昆虫の脳にある三つの特殊な嗅覚回路のどれか一つが利用されていることがわかった。三つの回路とは、食物の匂い、適切な産卵場所の匂い、あるいはもっとも誘惑的な性的な匂いのいずれかによって昆虫を誘引する嗅覚回路のことだ。前に述べた情報化学物質の定義に従って分類すると、送り手に利益をあたえるこの種の匂いは、明らかにアロモンの一例である。

狡猾な策略

ある種のランは、昆虫のメスそっくりの匂い（と姿）をもつように進化してきた。このランの花を調べてみると、花の香りがヒメハナバチの性フェロモンの匂いを完璧に模したものであることがわかった。ヒメハナバチが生成するフェロモンは多数の成分からできている。ランの花は、それとまったく同じ化合物をまったく同じ割合で含む香りを放つ。しかしランの策略はそれだけに留まらない。

ランの花は、ヒメハナバチのメスそっくりの見た目をもつように外見的にも進化を遂げ、それによって全体的な類似性をさらに高めている。あまりにも似ているため、ハチのオスはすっかり騙されて花と交配を試みるほどである。その際、オスが交配の姿勢を取って花に身体を寄せると、ランの花粉がオスの身体にくっつく。事がいっこうに進まないことにようやく気づいたオスが次の花に向かったとき、オスに付着した花粉も一緒に運ばれることになる。

ところで、ハチはとても利口な昆虫だ。だからランもその一枚上を行かなくてはならない。とくに、ランの受粉を担うある種のハチでは、メスは事実上一回しか交配しないのだから。そういうことであれば、オスのほうも、自分を受け入れてくれないメスに言い寄って時間を無駄するわけにはいかない。ではオスは、自分を受け入れてくれないメスとの関わりをどのように回避しているのか？　オスは、個々のメスの匂いの微妙なちがいを嗅ぎ分ける能力を進化によって身につけてきた。この能力のおかげで、オスが同じメスに二度言い寄ることはないのだ。

もしもランの花がどれもまったく同じ香りを放っていたとしたら、ランの策略はもちろん二度目は通じない。ハチのオスは、詐欺的な花ともう一度交尾しようとは思わないだろうし、その結果、最初に交尾を試みたランの花の花粉が次の花に運ばれることもないだろう。しかし現実にはオスは花粉を運ぶ！　それはなぜなのか？

ランの花の香りを分析したところ、それぞれの花の香りには、個々のメスのハチが放出する匂いに見られるのとまったく同じ個体間のばらつきがあることがわかった。そのためハチのオスは、どの花もあらたに出会った、まだ交配したことのないメスだと考えてしまう。オスは何度も何度も騙されつづけ、毎回何の報酬もあたえられないまま律儀に花粉を運んでいく。オスは貴重な時間とエネルギーを無駄にしているだけなのだ。

死の匂い

植物の世界の詐欺師はランだけではない。カラー〔サトイモ科の植物〕のさまざまな種も、別の騙し方を発達させてきた。そして、わたしたちがカラーを研究することになったいきさつ自体が、科学の世界では偶然が思わぬ成果をもたらすことの証しでもある。

一九八九年のこと、わたしは昆虫の嗅覚と味覚をテーマとする会議の開催場所や日程の調整に関わっていた。この会議は地中海に浮かぶサルディーニャ島で開かれることが多く、もう何年も前から、島で開催されるときには恒例の人気のツアーを行なってきた。ボートに乗り込み、沖合にある二つの小さな島をめぐるのだ。船上ではシーフードとワインをたっぷり楽しみ、大胆な気分になったわたしたちは岸から二〇〇メートルも離れた沖で泳ぐことになる。

あるとき、食事とワインを楽しんだあと小さな島に上陸して探検していたわたしたちは、非常に奇妙な外観と匂いもつ花を発見した。見た目は、巨大な肉色をしたカラーの花だったが、腐りかけた死骸を思わせるとてつもなく嫌な匂いがした。化学生態学者であり匂いを専門とする科学者であるわたしたちは、当然この花が放つ特異な匂いの理由を調べなくてはならなかった。こうして、この「デッドホースアラム」の研究プロジェクトが始動したのである。

サルディーニャ島沖の二つの島と実験室の両方でその花の匂いを採取すると、わたしたちはその匂いから抽出した化合物の同定に取りかかった。その後、花のまわりを飛び交っていたハエを捕獲してその触角に化学分析用機器をつなげてみたところ、ハエたちが実際に嗅ぎ取っていたのがどの化合物だったのかが明らかになった。その後わたしたちは、腐りかけたブタの肉を入手してその匂いを分析してみた。するとデッドホースアラムの香りに含まれていたのとまったく同じ化合物が、その匂いに含まれていることがわかった。デッドホースアラムの花は、本当に腐りかけた死骸に似た匂いを発していたのだ。

では、この擬態の生態学的な背景とは何か、そしてある花が、わたしたち人間にとって（ではあるが）、これほどひどい匂いを放つ理由とは？　この巨大な花のまわりを飛び回っていたのはニクバエだった。この昆虫のメスにとっては、卵を産みつけるための腐りかけた肉を見つけることがすべてである。そのためメスは、腐りかけた肉が発する匂いを検知して反応する生態学的ラベルドラインを進化的に発達させてきた。メスとって、腐りかけた肉の匂いは強力な誘引物質なのである。次にわたしたちは、この匂いを用いて野外実験を行い、ニクバエのメスがこの嫌な匂いの物質にきわめて強く誘引されることを証明できた。

ところが、この花の花粉は近づきにくい場所にあった。ハエたちは、しっぽ状のものが突き出している落とし穴のような苞《ほう》に潜り込まなければならなかった。そこでわたしたちは、この花の働きを調べるために花の模型を作って腐った肉の匂いを付着させてみた。予想どおりハエたちがやってきて花の表面にとまった。しかし、けっして苞の内部に入ろうとはしなかった。何かが欠けていたのだ。ハエたちを苞に潜り込ませるには何らかの別の要因が必要だった。そして驚くべき事実がわかった。

この花の苞の入り口は、匂いだけでなく感触も腐った肉のようだったのだ。苞から突き出したしっぽのようなものは温かく――摂氏三七度あった。そこで、模型に匂いとともにこれとまったく同じ条件を加えてみたところ、ハエは素直に苞の内部に入っていった。苞の奥に入ったハエたちは、しばらくそこに閉じ込められ、身体中花粉まみれにしてから外部に出ていく。その後次の花まで移動した彼らは、意図せずして受粉を完了させることになるのだ。

どうやらこのデッドホースアラムという花は、腐りかけた死骸に完璧に擬態するために、可能なかぎりの手段を発達させてきたようだ。腐りかけた肉そのものの匂いを放ち、動物の毛の間からのぞく肉そのものの外観をもち、ほどよい温かさはまるで死骸が分解する際に発生する熱のように感じられる。ニクバエのメスが産卵場所を探すときに手がかりとする重要な刺激のすべてを擬態することにより、花は無償で受粉を完了させられる。一方、ハエは大損を被る。なぜならランの受粉を媒介するハチ同様、ハエもまた貴重な時間とエネルギーを無駄にし、ときには卵さえも失うことになるからだ。もしもニクバエが花の計略にまんまと騙されてしまったら、ハエは花の苞に卵を産みつけ、しかしそこではハエの子孫は間違いなく死ぬ運命なのだ。

ハエはそんなふうに利用されないように進化できたのではないか、とあなたは思うだろう。ハエはなぜ、本物と偽物を見分けられるほど研ぎ澄まされた嗅覚を発達させなかったのか？　デッドホースアラムの詐欺師的策略は、異なるいくつかの要因のおかげで長い進化の過程を生き延びてきたのだろうと思われる。第一の要因についてはすでにお話しした。花はハエにとってけっして看過できない重要な情報をそっくり真似て示した。第二に、この花は地中海の少数の小さな島で、一年のうちの限られた時期だけ花を咲かせる。つまりこの花がハエたちに進化的圧力をあたえるのは、時間的にも空間的にもごく狭い範囲に限られている。一年間の残りの期間は、また世界のそれらの島以外の場所では、ハエたちは望みどおりのものを、つまり動物の死骸を見つけることができる。したがって、進化や変化をうながす圧力は、このハエに関しては最小限に留まっているのである。

栄養満点の匂い

カラーの別の種で、レヴァント地方〔小アジア、シリアの地中海沿岸を指す〕のもっとも乾燥した地域で見られるパレスチナムアラムのおかげで、わたしたちはショウジョウバエをワインやバルサミコ酢に誘引する、主な化合物を知ることができた。この種のカラーの苞を覗いてみると、そこにはかならず大量の果実蠅がいる。ハエたちはただそこにじっとしている。デッドホースアラムに潜り込むニクバエ同様、このハエたちもまた花粉の運び手だ。分析の結果、パレスチナムアラムは、ワインやバルサミコ酢に含まれる主な化合物とまったく同じ化合物を生成していることがわかった。それによって、この小さなハエたちが好む完璧な食物に擬態して苞の内部に誘い込み、やはりまた、ハエたちに自分は損害を被るだけの無償の奉仕をさせている。

おもしろいことに、同じパレスチナムアラムの別の個体群に、ワインに似た匂いを発していないものがあった。その個体群はワインではなく馬糞の匂いがした。この特異な花にどんなハエが誘引されるかを調べたところ、なんと馬糞につく大きなハエがこの花のカモにされていることがわかった。つまり、わたしたちはまさに進行中の種分化を偶然目撃したのである。パレスチナアラムのこの二種は匂いが異なるため、交雑受精することはけっしてない。花粉をつけたハエは同じ匂いがする花に飛んでいき――結果的に花粉をその花に運ぶ――だけである。長い年月の後には、パレスチナアラムは一種類ではなくなり、あらたな二種のパレスチナアラムとなることだろう。

食べ物を利用した詐欺的行為はカキラン（柿蘭）にも見られる。カキランがおびき寄せるのはハナアブである。ハナアブの幼虫は植物につくアブラムシを食糧とする。そのためハナアブのメスは、植物の汁を吸うこの微小な生物のフェロモンを検知できる鋭い嗅覚を発達させてきた。アブラムシがいるところにはかならず彼らの性フェロモンの匂いがあるからだ。そこでカキランのほうは、アブラムシのフェロモンそっくりの匂いを生成できるよう進化してきた。それに加えて、花の内部の小さな赤い膨らみもまるでアブラムシのように見える。かくしてハナアブのメスは、非常に重要な資源、つまり子どものための食糧の存在を示す魅惑的な匂いに誘われ、花の内部へと導かれる。

いま述べてきたこれらの例の共通点は、いずれも進化の現実をまざまざと示しているということだ。異なるさまざまな花が、特殊な感覚刺激——とくに嗅覚的刺激——によって呼び覚まされる昆虫の生得的な行動を巧みに利用する能力を、進化的に発達させてきたことがよくわかる。彼らが標的とするのは、昆虫たちの性行動、食物への誘引行動、あるいは完璧な産卵場所を探す行動である。そのどれもが彼らの生存と繁殖のための重要な資源であり、だからこそ無視することはまず不可能なのだ。

危険な関係

魅惑的な匂いを使って獲物を捕らえる捕食者たちもいる。ナゲナワグモは、その種の騙し討ちの名人だ。彼らは、いったんメスの香りを嗅ぎつけたらとことんセックスを追い求めるオスの蛾の特性を利用している（第7章参照）。ナゲナワグモは、非常に特異な狩りの方法を発達させてきた。彼らはほかの多くの種のクモとはちがって巣を張らない。その代わりに、絹《きぬ》のようなその糸でベタベタくっつくボール状のものを作る。このボールは一本の長い糸の先につながれて、クモがいる枝から下にぶら下げられる。クモはこの小さなボールに、ある種の蛾のフェロモンと寸分たがわない匂いをつける。それからそこにじっとして、釣り糸を風に揺らしながら辛抱強く待機する。

まんまと騙されたオスの蛾がほどよい距離まで近づくと、クモはそのボールを揺らして蛾にぶつけ、すると蛾はボールにくっついてそのまま引き寄せられ、貪り喰《く》われてしまう。また、一匹のまったく同じクモが、そのシーズン中にナゲナワにつけるフェロモンを擬した匂いを変えられることも立証されている。だからクモのナゲナワは、周囲にさまざまな種類の蛾が現れても、いつでもその種にピッタリのフェロモンの匂いを放出できるのだ。しかし厳密にいうと、このフェロモンはすでにアロモン、つまり他種個体に働きかけて送り手に利益をあたえる物質となっている。

病的誘引

細菌や原生動物は、匂いを使った狡猾な策略を巧みに仕掛けてくる。たとえば彼らは、宿主の匂いの生成に影響をあたえることにより、その宿主を同種の生物にとって、あるいはほかの生物にとって、一層魅力的な存在にすることができる。ところで、昆虫の嗅覚について生態学的考察を行うときには、わたしはいつも昆虫のように考えることを心がけている――昆虫の身になってみるのだ。それが匂いを利用した新しいメカニズムを見つけるための最良の方法なのだ。

あるときわたしは、人が接触感染したくなければ、病気の友人を避けるほかないということについて考えていた。あなたがもしくしゃみや咳をしている友人の隣に座ってしまったら、飛んでくるウィルスの粒子を避けるために、二つか三つ分席を移動したいと思うかもしれないだろう。わたしたちは、ショウジョウバエも同じだろうという仮説をたてた。そしてこの仮説を検証するために、まずショウジョウバエを有害な病原菌に感染させ、何が起きるかを観察した。結果は、わたしたちの予想とは正反対だった。

健康なハエたちは、病気の仲間とその糞に強烈に誘引されたのである。彼らはまた、病気のハエの糞の粒で味つけされた食べ物を好んだ。メスは、病気のハエがそれまでいた場所に卵を産みつけた。彼らの行動は、健康なハエが病気に感染して死ぬことを意味していた。病気のハエが作った培養基に産みつけられた卵から孵った幼虫の運命も同様だった。これはもちろん、わたしたちにとって大きな驚きだった。彼らはなぜ、致命的な細菌に感染するリスクを自らすすんで冒すのか？

嗅覚の研究者であるわたしたちが、健康なハエと病気のハエの匂いにまず目を向けたのは自然の流れだった。健康なハエは少量の非常に誘引性の高い性フェロモンを放出していた。病気のハエの匂いを分析してみたところ、彼らが同じ性フェロモンを、健康なハエの二〇から三〇倍多く生成していることがわかった。そのせいで、病気のハエたちは仲間たちにとってあらゆる点で最大級の魅力をもつようになったのだ。次にわたしたちは、これが実際に病原菌の拡大につながっているのかどうかを調べた。するとたしかに病原菌は広がっていた。健康なハエたちは、明らかに病気のハエに強く誘引され、次々と病気に感染していった。つまり病原菌がハエのフェロモン生成システムを「ハイジャック」してフェロモンの生成量を増やし、そのハエの集団内で自らが増殖できるようにしていたのだ。

似たような一例として、蚊を引き寄せる人の匂いについての研究がある。人の身体のさまざまな部位から放出される化学物質を採取した研究チームは、蚊のメスが、血液のごちそうを探す際の手がかりとしている特定の化合物を突き止めた。この匂いに含まれる重要な成分は二酸化炭素である。健康な人とマラリアに感染している人による比較実験を行なったところ、マラリア感染者は健康な人よりも有意に蚊を誘引することがわかった。マラリア原虫も、ハエに感染を広げた病原菌と似たような策略を使って人に感染を広げているように見える。これについては、第9章に詳述したとおりだ。

人は匂いをどう利用しているか

わたしたち人もまた、匂いに引き寄せられるほかの種の習性を好んで利用している。次章では、匂い情報が実際のどのように使われているかを見ていき、昆虫のフェロモンがさまざまな形でどのように利用されているかについてもお話ししたい。たとえば、フェロモンは作物の保護のために活用されている。しかしそれだけでなく、人が匂いの誘引力をもっと直接的な形で利用している例についても紹介したい。

わたしがスウェーデンの森にイノシシ狩りに行くときには、餌を置いてイノシシをおびき出すことが多い。イノシシはある種のトウモロコシやテンサイを大いに好むのだ。食べ物で釣るこの作戦の効果は、餌を設置した場所の付近の岩や木にブナの脂《ヤニ》を塗りつけることによって、ぐっと高まる。ブナの脂のいぶしたような香りは、イノシシにとってたまらなく魅力的なのだ。彼らは、その岩や木々に身体をこすりつけて、脂を身体中にできるだけたっぷり塗りつけようとする。彼らがなぜそうするかについては推測するほかないが、多くの動物が自分の匂いをごまかしたがる事実と関係があるかもしれない。ほかに考えられる理由としては、脂が放つ強烈な匂いに、皮膚につく寄生虫や吸血動物を寄せつけない効果があるのかもしれない。いずれにせよ、イノシシがブナの脂に引き寄せられるおかげで、わたしは夕飯が食べられるのだ。

サメ釣りの現場でも似たような策略が使われている。釣り船の周囲の水に血液を注ぎ入れると、その匂いがはるか彼方にいるサメたちを引き寄せ、餌をつけた釣り針の近くにおびき寄せることができる、と考えられている。

これらのすべての例が、遺伝子に組み込まれて予測可能な反応を引き起こす匂い情報が、ほかの生物によっていかに利用されやすいかを物語っている。匂い情報は、受粉の際のようにほかの生物を騙して奉仕させるときにも使われるが、ナゲナワグモやわたしがやるように、獲物をおびき寄せて殺すためにも使われる。それらすべての例から言えるのは、多くの生物にとって匂い情報が重要な意味をもっているということだ。

　ある匂いに対する即時の反応が、しばしばその生物の生死を分け、自分の遺伝子を広められるかどうかにつながり——あるいは詐欺にまんまと引っかかるかどうかを決めるのである。

第14章

人は匂いをどのように利用しているのか

人も、情報を入手し他者の行動に影響をあたえるために、じつにさまざまなやり方で匂いと嗅覚を利用している。人は、自分の鼻で、またほかの動物の鼻を使って、あるいは機械を利用して情報を集めている。匂いを使ってほかの人の行動を操作するばかりか、ほかの動物や植物の行動も制御している。そういうことがあると知っておくのはいいことだ。なにしろあなたは、日々そうした操作にさらされているのだから。

情報を集める

周囲の化学的環境についての情報を集める方法のうち、もっともわかりやすいのは、もちろん自分の鼻を使う方法だ。鼻にはこの世でもっとも精巧な化学的分析装置が完備している。わたしはつい最近そのことを思い知らされたばかりだ。その日、フランスワインの鑑定家である友人が、わたしが料理した狩猟肉のディナーに合わせて同じワインを二本もってきてくれた。彼女は最初の一本を開けると、わたしのグラスに注いだ。

しかしそれをひとすすりする前に、わたしはこのワインボトルは飲まずに台所の流し行きになるなと気づいた。間違えようのないジオスミンの不快な匂い、つまり〔栓のコルクの不良による〕コルク臭い匂いが鼻をつき、わたしはその匂いへの不快な反応を隠すことができなかった。薬臭さを思い浮かべてくれればそれがどんな匂いだったかわかるだろう。幸運なことに、二本目のボトルは申し分のない味わいで、無事に夕食を楽しむことができた。

同様の方法で、人は生活のなかで出会うあらゆる食べ物や飲み物を、さらにはあらゆる環境を常に分析している。わたしたちが、ガスや煙、カビ、腐敗臭などの、警戒をうながすあらゆる匂いをいかに上手に嗅ぎ取るかを思い出してほしい。しかし同時に、鼻は新鮮な香辛料や年代物のウイスキー、母親特製のミートボールなどの、人生で出会うよいものすべての匂いもちゃんと嗅ぎ分ける。こうした嗅覚の力については第2章で詳しく書いたが、本章では、人が常に持ち歩いているもっともすぐれた嗅覚装置に焦点を当て、匂いへの感受性の高さがわたしたち自身を操作するためにどのように利用されているか、ということを考えていきたい。

人に匂いを嗅がせる

人のなかには、日常的な嗅覚を超えた「特別すぐれた鼻」の持ち主がいる。この種の技術はふつうは訓練によって身につくもので、彼らが人よりすぐれた嗅覚をもって生まれたわけではない。鼻が利く人々は、飲食産業の商品開発部門ではもちろん、香水やデオドラント剤、香りによる演出で業績好調の香料産業でも非常に重要な役割を果たしている。自動車メーカーが、部品や素材が新車らしい特別な匂いを放っているかどうかを、自社の匂い研究所で検査していることはよく知られている。

これらの産業はみな、自前の匂いの検査チームをもっているか、あるいはそうした評価を専門とする企業に依頼して検査を行なっている。どちらの場合でも、訓練を受けた匂いの専門家たちが、開発中の新しい匂いや味を体験して吟味することになる。あなたが、お気に入りのケチャップの新商品の瓶を開けたり、新車のドアを開けてみたりしたときに、褒《ほ》められたり、文句を言われたりすることになるのは彼ら鼻が利く人たちなのだ。

人が感知できるその他の匂いとしては病気の匂いがある。動物や機械がその分野でどう利用されているかについては後で述べるが、最初に病気の匂いに気づくのはおそらく人だろう。看護師は、患者の尿の匂いを嗅いで、その人が糖尿病かもしれないことに気づく。また最近では、ある女性が、何の症状もなく確定的な診断が下されていなくても、カビ臭い匂いだけを手がかりに、だれかがパーキンソン病かどうかを見分けることができると証言した。イギリスのマンチェスター大学の研究チームは、前者の看護師と共同で初期の糖尿病の診断ツールの開発に取り組んでいる。この病気の特徴的な匂いとそのバイオマーカー〔ある疾患の有無や進行状態を示す目安となる生理学的指標〕である揮発性物質を特定することが、実現のための重要な一歩となるかもしれない。

動物に匂いを嗅がせる

何千年も前から、人は自分たちの嗅覚が及ばないときには動物の力を借りてきた。多くの動物たちが人より相当強い感受性を発達させてきた種類の匂いに関しては、とくにそうである。その典型的な例は猟犬で（第3章参照）、人は獲物の臭跡を検知するために犬のすぐれた鼻を利用している。

ある種の動物たちは並外れたハンターで、シカやキツネ、アナグマなどを何時間も追いかける。最近、我が家のダックスフントが――一一歳の高齢にもかかわらず――地元の沼地に姿を消したあと、何らかの動物を追い回して四時間ずっと戻らなかった。とうとうわたしの妻が彼のしっぽを摑んでアナグマの巣穴から引きずり出すはめになった。犬が匂いによって駆り立てられる強力な本能をもっていることは間違いないが、人はもう何世紀も前から自分たちの目的のために、犬がもつその本能の力を品種改良によってさらに高めつづけている。

匂いを手がかりに何かを追いかけたり探し出したりしたいという犬の欲求を、それ以外の多くの目的のために使うことができる。その典型的な例は警察犬だ。法の執行官である警官隊と常に行動をともにする警察犬は、当初は主に犯行現場から逃げた犯人や、刑務所から脱走した囚人を捕まえるために使われていた。現在では、警察犬は麻薬やお金、あるいは遺体を、たとえ水の中からでも匂いで見つけ出す。軍においては、侵攻する軍隊の行く手に埋まっている地雷を発見したり、戦闘が終わったあとの地雷原から地雷を撤去したりする仕事に利用されている。

公衆衛生の現場でも、犬はますます重要な役割を担うようになっている。もう何年も前から、わたしたちのイヌ科の友人には初期のガンを発見する能力があること、また異なる種類の病気を区別して検知することさえできることがわかっている。最近では、バイオディテクター〔危険な物質を検知する役割を担う生物〕のジャケットを着たゴールデンレトリーバーについての明るいニュースがメディアに広く取り上げられた。彼らは、チリの国際空港に到着する人々からCovid-19の感染者を見つけ出すよう訓練されていた。イギリスでも、ロンドン大学衛生熱帯医学大学院の研究チームが、慈善団体「メディカル・ディテクション・ドッグス（医療探知犬）」とイギリスのダラム大学との共同で、匂い情報を手がかりに公共の場で犬にCovid-19感染症の患者を探知させることを試験的に行なっている。同様のことがあちこちで行われている。

犬は元来、訓練によってほんの微かな匂いさえも嗅ぎつけられるようになるが、ネズミもそれは同じである。わたしたちは、ネズミのことも自分たち人間のために利用してきた。たとえば近年では、ジャイアント・シュガーケーン・ラットが、犬に代わって地雷検知の任務を負うようになった。この方法の唯一の問題点は、ラットも犬も訓練にかかる時間は同じだが、ラットは犬に比べて寿命が短いことだ。それにもかかわらず、ラットはその一生のあいだにたくさんの仕事を成し遂げられる。そのことはある有名なラットが立証している。

二〇二〇年のこと、一匹のラットが威信あるPDSAゴールドメダルを史上初めて受賞した。この賞は、獣医の慈善団体「傷病動物援護会（PDSA）」によってあたえられる勇敢な動物を称える賞である（受賞者はたいてい犬だ）。アフリカオニネズミのマガワが、「カンボジアでの致命的な地雷の位置特定および除去に貢献し、人命を守る責務を献身的に果たした」という理由で受賞者に選ばれた。これまでのところ、マガワは一四万一〇〇〇平方メートルの土地から三九の地雷と二八の不発弾を撤去した。一匹のラットの功績としては悪くない！

昆虫に匂いを嗅がせる

昆虫を訓練して特殊な匂いを嗅ぎ取らせることはできるのだろうか？　犬やラット同様、昆虫も訓練することによってほとんどの匂いを検知できるようになる。やはり、標的物質は爆発物（一般的にはTNT〔トリニトロトルエン〕、あるいはシクロヘキサノン）であることが多い。米国防衛高等研究企画庁、略してDARPAが、昆虫を訓練して地雷を検知させた後、所在場所がわかるように地雷に衝撃をくわえて爆発させる方法の開発のために多額の研究費を費やしてきたことは、よく知られている。

営利企業もまた、空港での乗客の保安検査や手荷物検査に利用可能な、昆虫を使った検査システムを開発して商品化しようと努力を重ねている。箱に閉じ込めたハチたちを、特定の匂いの刺激を受け取ると吻や舌を伸ばすよう訓練することができる。これは、その特定の匂いと一緒に砂糖水などの報酬をあたえることによって成し遂げられる。刺激と報酬を対にしてあたえるこの方法を数回繰り返すだけで、ハチはその匂いを嗅ぐと甘い報酬を期待して舌を伸ばすよう条件づけられる。この検知システムは、たとえばTNTなどの匂いを検知するよう訓練されたハチが閉じ込められた何列もの箱でできている。ハチが爆発物の匂いを嗅ぎ取ると舌を伸ばし、その舌が小さなレーザービームに接触して警報を鳴らすしくみだ。このシステムの問題点はもちろんハチの寿命が短いことで、繰り返しハチを訓練する必要がある。わたしが知るかぎりでは、このベンチャービジネスは成功しなかった。

匂いを嗅ぐ機械

動物は鋭い嗅覚をもっており、さまざまな仕事の現場で彼らを利用することができる。一方で、訓練が必要であることや寿命が限られているという欠点もある。一日二四時間、週七日、訓練不要で長期間作動する嗅覚マシンが利用できれば、それはもちろんすばらしいことだろう。非常に特殊な仕事に関しては、こうした機械が実際に使われている。再び空港に目を向けてみると、今や搭乗客はTNTやその他の危険を示す微量の分子を検知する巨大な「鼻」を通り抜けなくてはならない。これは、いま現在市場に流通している非常に多くの嗅覚マシンのほんの一例である。

基本的に、Eノーズはハードウェアとソフトウェアの両方でできている。ハードウェアには、検知すべき匂いの種類に適応したセンサーをもつ検知装置がある。このセンサーは、金属酸化物、導電性高分子、水晶結晶板などの多様な技術と素材からできている。センサーの基本的役割は、検知した匂いの化学的特性に応じて自身の特性を変化させることだ。つまり、センサーはこのシステムにおける嗅覚受容体なのである。この検知装置からの情報は、生物の脳にあたる計算装置に届き、そこではさまざまな種類のソフトウェアがその情報を解析するために作動して、検知された匂いが同定される。現在ではこの機械はますます洗練されて、機械学習が組み込まれていることも多い。

Eノーズの市場は非常に広い。飲食産業では、品質管理のために日常的にEノーズが用いられている。農林業でも品質管理のために利用されているが、害虫や農薬の検知のためにも使われている。医学の世界では、ガンや感染症、結核などの診断に役立っている。Eノーズが屋内外の環境の監視のために使われているのを目にすることもあり、前にも述べたように、Eノーズは現代のセキュリティシステムの多くにおいて必要不可欠な役割を果たしているのだ。

こうした人工の嗅覚には、しかしまだまだ多くの問題がある。いちばんの問題は、自然界の本物の嗅覚系に匹敵するほどの感受性はまだ実現できていないということだ。もう一つの問題は、化学的に類縁ではないが関連性が非常に高い多数の分子を検知するシステムの実現が困難であることだ。受容体を多数もつ本物の鼻は、それができているのだが。

機械にそれほど多数の匂い分子に対応する人工検知装置を搭載し、しかもそれだけの情報を解析できる性能の高さを実現するのはほぼ不可能だ。またセンサー自体のいくつかの技術的側面にも難しい問題が生じている。しかしほかのあらゆる分野同様、技術はめざましい進歩を遂げている。毎年のようにより高性能のEノーズが発表されている。

人の行動を操作する

世界最大の産業の一つがめざす唯一の目的は、人に人間以外の匂いをまとわせることだ。中世の時代からずっと、人の匂いは原始的なもので、その人が属する社会階級を示していると考えられてきた。金銭的余裕のある人々はお金で別の匂いを買って身にまとったので、フランスでは調香師のギルドが著しく発展した。彼ら香りのプロたちは、競い合って新しい魅力的な香りの混合物を作ろうとした。そしてその競争は今にいたるまで続いている。最寄りの空港の免税店や地元のデパートにちょっと立ち寄ってみれば、身体にまとう香りの選択肢が果てしなく広がっているのが見えるだろう。そこにある香りのほとんどが、そもそも人間とは何の関わりもない香りだ。花の香りやフルーティな香りは、香水の主成分としては非常に人気だが、それらの香りの下にごく少量の人に関わる匂いが隠されているかもしれない。その匂いの由来はときに驚くべきもので、糞便や尿の匂いもその一つなのだ。

二〇一八年には、香水産業は年間売上高三〇〇億ドルと評価され、参照する情報源によって異なるものの、二〇二五年には年間売上高五〇〇億から九〇〇億ドルにも達すると考えられている。この数字はそのまま、人が自分の匂いを隠すためにお金をつぎ込むことにいかに積極的であるかを示すものである。

あなたを異性にとってたまらなく魅力的な存在にする香水をこしらえることは可能だろうか？第2章で見てきたように、人のフェロモンは今もなお議論の多い問題である。だから答えはノーで、それはほとんど不可能だ。しかしそれを理由に香水市場の好調の波が止まることはない。「フェロモン」「香水」で検索しただけで、次回地元のバーを訪れたあなたに大きな成果をもたらすことを約束する商品の広告が、数え切れないほど現れることだろう。

人の行動を操作する別のやり方としては、ある種の商品をより積極的に購入するよう仕向けるものがある。これは今にはじまったことではない。パン屋はずっと昔から、店内の空気を排出する排気装置を道路側へ向ける工夫をしてきた。匂いを嗅いだ通りすがりの人々が、店内で美味しいパンが売られていることを思い出して店に入り、より頻繁にお金を使ってくれることを期待しているのだ。

現代では、匂いを用いた顧客操作にはより先進的な手法が用いられている。ときには、商品が売られている場所に「本物の食べ物」がないことさえある。数年前に、わたしが日本で仕事をしていたときのことだ。数週間続けて高級寿司を思う存分食べたわたしは、そろそろ冷凍ピザが食べたくなった。スーパーマーケットでどのピザを買って帰ろうかと迷っていたとき、ふいに焼きたてのピザが放つあのまぎれもない香りが漂ってきた。そのスーパーは、ピザが陳列されているフリーザーの真上に、人工的なピザの匂いの放出口を設置していたのだ！　そしてそれは効果抜群だった。これと同様のやり方で、多くの食品や飲料の匂いを人工的に合成し、消費者にお金を使わせるために利用することができる。

同様に、匂いを使って人にある特別な状況を思い浮かべさせたり、あるいは単に前向きな雰囲気を作り出したりすることができる。たとえば、旅行会社のロビーに漂うココナッツの香りが、異国情緒たっぷりの島々へのツアーの売り上げを驚くほど伸ばしたという話もある。また草木が放つ「グリーン系の」香りが、職場での従業員のパフォーマンスを高めると考えられている。この種の匂いを用いた操作や嗅覚デザインは今や主要産業に成長しており、年間総売上高は何百万ドルにも達している。

動物を操作する

わたしたちは日常的に、匂いを使って多くの動物を捕まえたり、その行動を操作したりしている。わたしも昨日、イノシシを捕まえるために餌を仕掛け、近くの岩の一つにブナの脂《ヤニ》を塗りつけてきたばかりだ。イノシシはこの脂の匂いに引き寄せられ、その匂いを身にまとおうとして脂を塗った岩に身体をこすりつける。イノシシがなぜそうするかはじつのところよくわかっていない。外部寄生虫除けの効果があるのかもしれないし、自分の匂いを隠すためなのかもしれない。いずれにしても、おいしいトウモロコシの穂軸の餌を一緒に置いておくと、このブナの脂の匂いは、いつもはなかなか捕まらないイノシシを望みどおりの場所に引き寄せる最高の誘引物質となる。

しかし、匂いを利用した動物の行動制御のもっともわかりやすい例は、おそらく昆虫の世界に存在する。なかでももっとも簡単な例は、近所の金物店で売っている、アリやガ、ハエ、ゴキブリなどを駆除するためのさまざまな種類の虫の捕獲器だ。これらの商品はすべて、異なるそれぞれの虫が実際どんな匂いに誘引されるかについての調査結果に基づいて作られている。多くの場合、捕獲器には人工の食べ物の匂いか人工のフェロモンの匂いが餌として仕掛けられる。ほかには、野外での昆虫防除のため、より大規模な捕獲も行われてきた。その場合、捕獲器には通常、昆虫を内部に誘い入れるための性フェロモンまたは集合フェロモンが仕掛けられる。

第9章で見てきたように、昆虫がもたらす人類最大の脅威は、間違いなく生物媒介の疾病である。なかでももっともよく知られているのは、マラリアやデング熱、ジカ熱などの、熱帯や亜熱帯に生息する蚊が媒介する感染症だ。これらの蚊に対処するために、蚊を引き寄せる人の匂いを使ったいくつかの対策が取られている。たとえばこれらの感染症の流行地に住む人々は、殺虫剤を染み込ませた蚊帳を吊ってその中で眠っている。蚊帳の中の人が発する匂いに誘われてやってきた蚊が蚊帳にとまった瞬間、蚊は致命的な殺虫剤に直接触れることになる。非常に簡単な仕掛けだが効果は抜群だ。

別のよく似た対処法にいわゆるイーブ〔軒《のき》〕チューブがある。アフリカでは、蚊はたいてい軒下の隙間から家の中に入ってくる。この方法を機能させるためには、あらかじめ家のすべての開口部を、窓やドア、捕虫網などで閉じる必要がある。その後殺虫剤を染み込ませた網がついた特殊な筒を、軒下に残した唯一の開口部に取り付ける。人の匂いに引き寄せられてやってきた蚊は筒の内部の網にとまり、そして命を落とすことになる。

村に生息するマラリア蚊の個体数を減らすための別の大規模な試みでは、わたしの同僚のリキャルド・イグネルとその共同研究チームが、マラリア蚊が、窒素の供給源として牛の尿に強く誘引されることを突き止めた。そこで彼らは、牛の尿の匂いを利用した蚊の捕獲殺虫装置を開発した。この装置を用いることにより、研究チームは蚊の個体数とマラリア感染率の両方を大幅に減らすことができた。

少し値は張るが、蚊を大量に捕獲できるいくつかの捕獲器も入手可能である。もっともよく知られているのはモスキートマグネットで、掃除機のように蚊を引き寄せて吸い取ることができる。蚊は、哺乳類の典型的な匂いであるCO_2と1-オクテン-3-オン〔アミルビニルケトン〕の混合物に誘引されて容器の中に吸い込まれ、そこに閉じ込められる。この装置は、家庭で蚊が多くて困っているときに非常に効果があることがわかっている。

その他のいくつかの事例では、大量捕獲は限られた成果しか上げられていない。昆虫が大発生した場合、数が多すぎて捕獲しようとしても追いつかないことが多いからだ。トウヒキクイムシがそのよい例で（第10章参照）、一九七〇年代にスウェーデンで起きた壊滅的大発生では、大規模な捕獲作戦が行われた。しかし残念なことに、数え切れないほどのキクイムシが次々と捕獲されたにもかかわらず、森は深刻なダメージを受けつづけた。今年はわたしも自分の森でキクイムシの大量捕獲を行なっているが、所有者たちが、ともかく敵に反撃はできたと感じている様子を見ても、この方法で得られるのは、森林所有者の精神衛生上の効果がほとんどだろうと思われる。

農業や園芸部門で用いられている、昆虫の行動を制御するための先進的な手法は、より着実に成果を上げてきた。その簡単な手法の一つに、誘引物質を目当ての害虫が近くにいることを知るためだけに使う方法がある。これにより、農薬を使用する期間を本当に必要な数週間だけに留めることができるのだ。

もっと巧妙な制御の例としては、さまざまな種の蛾について行われている交配を妨害する方法がある（第7章参照）。この方法では、ブドウ園やリンゴの果樹園などのあちこちから混じりけのない微少なフェロモン臭を漂わせる。つまりオスにしてみれば、周囲のあらゆる場所でメスがオスを呼んでいるような匂いがする。しばらくするとオスは交配を諦めてしまったかのように見え、交配は行われずに終わる。この状況は、本物の女性を完璧にコピーした（つくりものの）女性が街じゅうにあふれていて、だれが本物か見分けがつかないようなものだ。その中に本物はほんのわずかしかいないのかもしれない。

オスの身になってみると、オスがすぐに本物捜しに疲れてしまうだろうことは容易に想像できる。交配妨害の明らかな利点は、この方法を生態系農業〔有機農法や自然農法など〕で利用でき、生態系農業で作った作物は、従来とは別の市場でより高値で売れることだ。フェロモンを利用した動物操作法といえば、第5章で取り上げたヤツメウナギを忘れてはいけない。ヤツメウナギのフェロモン物質が同定され、それを誘引物質としてヤツメウナギのメスを商業的漁場の外へおびき出そうとする試みが現在進行中である。

食糧生産を押し上げる

さらに興味深い（しかし手間がかかる）昆虫の行動制御法がケニアのナイロビにある国際昆虫生理生態学センター（ICIPE）で開発された。わたしは一九九〇年代のはじめからこのセンターで仕事をする幸運に恵まれ、長年にわたり政府審議会のメンバーでもあった。ICIPEのゼイヤー・カーンとジョン・ピケットの二人が、自然界の匂いだけを利用した昆虫制御の方法を開発した。その経緯を見ていこう。

いまや、トウモロコシはアフリカの大部分の国の主要作物である。しかしトウモロコシは南米を原産地とする作物だ。このトウモロコシがアフリカに持ち込まれたとき、アフリカに生息する昆虫の何種類かが、トウモロコシをあらたなすばらしい資源だと考えた。とくに気に入ったのがズイムシだった。ニカメイガの幼虫であるこのズイムシは、ステム・ボアラー（stem borer）というその英語名が示すとおり、トウモロコシの茎を食べながら這い進み、ついには茎を倒してしまう。この習性のおかげで、東アフリカじゅうの小自作農家のトウモロコシ畑が壊滅的被害を被った。

ケニアと英国にいるわたしの同僚たちが、アフリカに自生する植物のなかに、ズイムシにとってトウモロコシよりずっと魅力的な植物があるのではないか、またズイムシが嫌う匂いを放つ植物もあるのではないかと、思いついた。彼らは蛾の生態に関する知識を駆使していくつかの植物を候補に挙げると、実験を開始した。科学の世界ではいつもそうであるように、なかなかうまくいかない実験を再三繰り返した結果、彼らは二つの植物を見つけ出した。アフリカにトウモロコシが入ってくるまでニカメイガの自然宿主だったアフリカ原産のイネ科の牧草と、なぜかニカメイガがその匂いを忌避するマメ科の牧草である。

何度も実験を繰り返してようやくトウモロコシ畑の管理体制が決まり、畑の周囲にイネ科の牧草が植えられた。畑の中にはマメ科の牧草が間作された。この方法が信じられないほどの成果を上げた。ニカメイガは畑の周囲の草の芳しい匂いにおびき寄せられてトウモロコシから離れ、その牧草に卵を産みつけた。ニカメイガはまた、間作されたマメ科の牧草の嫌な匂いによって畑から遠ざけられた。このプッシュ〔遠ざける〕・プル〔おびき寄せる〕法、スワヒリ語でSukuma-Vutaは予想をはるかに上回る成果を上げた。

収穫量が何倍も増えたのは、蛾に攻撃されることが減ったせいばかりではなく、マメ科植物による窒素固定〔空気中の窒素分子が生物に取り込まれ、生物が利用可能な窒素化合物に変えられること〕のおかげでもあった。またこのマメ科の牧草には、有害な寄生雑草ストライガの種子が発芽するのを防ぐ効果があることもわかった。さらによいことには、畑の周囲の牧草を刈り取り農場の牛の餌にすることにより、乳生産量が二倍になった。まさにウィン・ウィン・ウィンの関係だ。詳しい情報を知りたい方はwww.push-pull.netを参照してほしい。

このプッシュ・プル法について最後にもうひと言。科学者の幸せは、科学の力が人々の生活を様変わりさせたと実感できることだ。わたしの場合は、ビクトリア湖のそばのある村で立ち話をしていたときにその瞬間が訪れた。相手は高齢の、しかしおそらくわたしより年下の男性で、Sukuma-Vutaのおかげで家族が食べるのに困らないだけでなく、余ったお金を孫たちに送って学校に行かせることもできたと話してくれた。そして何よりも、隣人（まだSukuma-Vutaをやっていなかった）にトウモロコシを分けてやれた、と彼は言った。

ただし、プッシュ・プル法のようなプロジェクトには、長期的な科学的視野と、化学から社会科学にいたるまでの数多くの学問分野が協力し合うことが必要だ。

ハエと戦う

プッシュ・プル法を使ったもう一つの例は、ツェツェバエの制御を目的とするものだ。ツェツェバエは中央アフリカの広い範囲で大きな問題となっているハエで、というのもこのハエは人と家畜の両方に睡眠病への感染を広げるからだ。前述のICIPEのわたしの同僚たちは、サバンナでよく知られている事実に助けられた。それは、みんなウォーターバック〔ウシ科の哺乳類〕の匂いが大嫌い！　ということだ。捕食動物のほとんどがウォーターバックを襲おうとせず、もっと重要なことにツェツェバエもウォーターバックは刺さない。研究チームはさっそくウォーターバックの匂いを採取してくると、ハエが本当に嫌う五つの成分からなる匂いの混合物を取り出すことに成功した。

この匂いの混合物を入れた小さな容器を、アフリカ産の牛たちの首からぶら下げたところ、牛の睡眠病であるナガナ病への感染率が劇的に低下し、牛の健康状態は良好に保たれた。これと並行して、ツェツェバエが非常に好む匂いが調合された。その匂いとはバッファローとその尿の匂いである。こうしてツェツェバエ専用の、ハエを匂いでおびき寄せて殺虫剤に接触させる捕獲器が作られた。ツェツェバエはこの方法で牛や村から遠ざけられ、捕獲器へと導かれた。これもまた、プッシュ・プル法が本当にうまく機能した例である。

これらのプッシュ・プル法の成果からもわかるように、防虫剤もまた昆虫の行動を制御するための非常に効果的な方法となりうる。だれでも虫除けを肌に塗ったことがあるだろうし、なかには手足にレモン汁をすり込んだり、犬の毛にココナッツオイルを振りかけたりしたことがある人もいるかもしれない。これらはすべて厄介な虫やダニを追い払うための行為だ。虫除けには普通DEET《ディート》（ジエチルトルアミド）が含まれており、これは一九四〇年代にアメリカ軍がとくにジャングルでの交戦中に兵士たちを守るために開発した、完全に人工的な化合物である。

剝き出しの両足に化合物を塗りつけた兵士を蚊がはびこる沼地に送り出す実験によって、数え切れないほどの化合物が試され、蚊に刺された数がもっとも少ないのはどの化合物であるかが推定された。こうして軍の研究チームは、毒性のないDEETにとくにすぐれた効果があることを突き止めた。それがなぜなのかについてはごく最近まで不明なままだったが、おそらくDEETには人の匂いを感知するための蚊の嗅覚受容体の働きを妨げる効果があることが、研究によって示された。現在ではDEETの安全性を疑問視する議論もあり、長期の使用は推奨されていない。

レモングラスやレモン、イヌハッカ、ローズマリーなどのエッセンシャルオイル（芳香油）の数々にもいくらか蚊を寄せつけない効果があるが、今のところDEETに及ぶものはない。個人で使用する蚊除けとしては、大きめのタバコ用ライターぐらいの大きさの、Δアレスリンを蒸発させる小型のガスバーナーを持ち歩く方法もある。この化合物は合成ピレスロイド系殺虫剤の関連化合物で、非常に効果的に蚊を遠ざけることができる。ココナッツオイルに含まれる脂肪酸の多くも、咬みつく虫やダニに対して効果があることがわかっている。イヌやネコを飼っている人は、ダニやノミ除けのためにペットの身体にココナッツオイルを塗ってやるといい。

あなた自身の鼻に従え

犬とEノーズがさまざまな病気の匂いを嗅ぎつけるために利用されている、ということはすでにお話しした。匂いを利用したもう一つの病気の診断法として、患者本人の鼻を利用する方法がある。Covid-19感染症が世界的に大流行するなかで、匂いや味がわからなくなることが、この病気への罹患を示す一つのわかりやすい症状である可能性が見えてきた。とはいえ、その事実を病気の診断に活かす信頼できる方法はまだない。しかし別のいくつかの病気についてはその限りではない。パーキンソン病とアルツハイマー病に関しては、嗅覚の低下がこの病気のごく初期の患者に表れる症状の一つであることがわかっている。この知見に基づいて何種類かの特別な匂いを「スニッフィング・スティック」に染み込ませた簡便な検査キットが、これらの病気の初期症状を見つけるために使われている。

人の鼻は、匂いの質を吟味するための重要なツールである。鼻は、今のところ世界でもっとも驚異的なデータ処理センターである脳と、直接つながっている。自分の鼻を信じることによって、人は人生で遭遇するさまざまな危険を回避できるが、同時に極上のごちそうを見つけることもできる。人の親友である犬の鼻を利用することも匂いへの敏感性を高めるすぐれた方法だが、しかしそのためには、何千年も前からずっとやってきたように人と犬が緊密に連携する必要がある。人と犬がもつこの二つの匂い検知システムは、想像力さえあればおそらくいくらでも発展させられるだろう。

Eノーズについては、機械学習とAIが将来的に重要な役割を果たすことになるだろう。ひょっとすると、それらのシステムを利用することにより、非常に多くの情報源（嗅覚受容体）からの情報を組み合わせて特定の匂いの形態を作り上げる脳の働きに似せた機能を、Eノーズももつようになるかもしれない。

匂いによる行動操作に関しては、香料産業と食品の匂い産業が将来も成長を続けると確信している。わたしたちはその種のさまざまな匂いの虜となっていて、これからもずっと、ごく少量のシャネルNo.5に最高額を支払いつづけるだろう。動物たちが匂いによるコミュニケーションをどのように利用しているかを学べば、殺虫剤や除草剤、そしてその他の人がこれまで環境にまき散らしてきたすべての有害物質を使用せずにすむ、あらたな体制を作り出すこともできるだろう。

簡単にいえば、わたしたちは未知の匂いに、そして人々の日常生活に役立つあらたな匂いの使用法や、匂いを用いた最新の技術に、しっかりと目を（鼻も）向けつづけなくてはならない。この地球上で暮らす自分たちとその同胞が、どのように匂いを嗅ぎ、匂いを放っているかという事実から何かを学ぶことによって、わたしたちはこれまでも、匂いのあらたな、そして簡単な利用法を見つけてきたのだから。たとえそれが、ごく小さいミバエを引き寄せる方法であっても、あるいは巨大なイノシシをおびき出す方法であっても。

おわりに――未来の匂い

本書では、全篇を通して、昆虫から人にいたるまでのさまざまな生物にとって、匂いと嗅覚がいかに重要であるかを例を挙げて説明してきた。匂いはあなたを食べ物やパートナーへ、またあなたが昆虫であれば適切な産卵場所へと導いてくれる。その一方で、匂いは腐った食べ物や敵、あるいは火事などの危険を警告することもある。第1章では、人新世に地球のスメルスケープがどのように変化したかを説明し、最終章では匂いと嗅覚をさまざまな形でどのように利用できるかをいくつかの例を挙げて紹介した。

この先匂いと嗅覚はどうなっていくのだろう？　人の活動が今後も環境を劇的に変化させつづけ、やがて深刻な状況を目の当たりにすることになるのか？　あるいは進化が作り上げた匂いによる相互作用は無傷で機能しつづけるのか？　匂いの利用は、あらたな、予想外の方向へと向かうのか？　もしくは意図しない結果を引き起こすことになるのか？　匂いを利用した遠隔コミュニケーションは可能になるのか？

短い結びではあるが、ありうる未来のスメルスケープについて、少し考えてみたい。

生命の誕生以来、地球の生活環境は進化によってゆっくりとした、しかし着実な変化を遂げてきた。リチャード・ドーキンスはその著書『盲目の時計職人　自然淘汰は偶然か？』（早川書房の中で、進化について、あたかも盲目の時計職人によって管理されているようなものだと述べている。自然淘汰によって、自然はあらたな変異体の価値を何度も、繰り返し検証してきた。ほとんどの変異体は以前のものより劣っていたが、いくつかはそれ自身の生存や繁殖に利益をもたらす好ましい変化となっていた。

こうした進化の過程は、わたしたちを取り巻く自然な匂いにも影響をあたえるだろう。花は、昆虫からよりよい受粉サービスを受けるために、あるいは人が作り出したあらゆる化学的ノイズの中でより目立つために、徐々に香りを変化させるかもしれない。種分化によって変化しつづけるその他のコミュニケーション・システムもまた同じで、それでもなお、空気中に漂うほかの多くの匂いと競い合わねばならないのだ。

さまざまな種類の動物の行動を制御しようとするわたしたちの行動も、スメルスケープに、さらにはフェロモンを用いたコミュニケーション・システムにも進化的圧力をあたえている。田畑にある何もかもがメスの匂いを放っていたとしたら、ほんの少し異なる匂いを放つメスになること――そしてその特別な匂いを放つメスに誘引されるオスになることによって多大な利益を得ることができる。人間が作り出した偽の媚薬の濃霧の中でさえ、彼らはおたがいを見つけられるだろう。

もっと劇的な変化は、言うまでもなく人間の活動を原因とする植物や動物の絶滅である。絶滅した生物の匂いのイメージは、その動物や植物そのものと同じように失われてしまう。博物館に行けばフクロオオカミがどのような姿をしていたのかを知ることはできるが、フクロオオカミの匂いを再現することは困難で、その匂いの漠然としたイメージを摑むことさえも難しい。

非生物学的環境もまた変わるかもしれない。火山の突然の噴火によりイオンガスが放出される可能性があるし、地球に降ってきた地球外物質がどんな種類の匂いを持ち込んでくるかはだれにもわからない。海は今、人間活動の影響で大きな変化の途上にあって、そのうち化学排出物にも変化が生じて新しい海の香りを漂わせるようになるかもしれない。水そのものに匂いはないが、そこに棲むものすべてに匂いがある。このまま世界の汚染が進んで微生物バランスが崩れた場合、人類はプランクトンや海藻、魚類などの変化を目の当たりにすることになり、その匂いも変わってしまうだろう。第5章で論じたジメチルサルファイドのことを思い出してくれればわかる。この海の香りの変化が植物プランクトン相の変化によるものであれば、多岐にわたる影響が出ることだろう。

いま挙げた変化はすべて現在進行中で、この先さらに大規模な変化ともなりうる。地球のスメルスケープは現在とはまったく変わってしまうかもしれないが、おそらくじつにゆっくりしたペースの変化となるはずだ。

しかし、人による匂いの利用法についてはどうか？　行動操作のための利用においても、コミュニケーションのための利用においても、この先何らかの興味深い変化が起きるかもしれない。第2章では、人の嗅覚のしくみと、匂いのメッセージを用いて人がどんなふうにコミュニケーションを取れる可能性があるかを見てきた。ずいぶん以前から、言葉やジェスチャーなどの匂い以外のメッセージは、科学技術を使ってかなり正確に転送できるようになっている。アレクサンダー・グラハム・ベルは一八七六年にはじめて電話を発明し、ジョン・ロジー・ベアードは一九二〇年代にはじめてテレビ放送を行なった。

それなのに、人類は依然として、複雑で動的な匂いの混合物はもちろん、ごく簡単な匂いの感覚でさえ転送することができない。愛するだれかとビデオ通話をしているとき、あなたは自分の思いを言葉と表情の両方を使って伝えるが、そのときフェロモン臭が伝えるメッセージは皆無である。いったいどうすればフェロモンの転送が実現するのか?

さしずめ、まず必要なのは、あなたが放出している匂いを嗅ぎ取る機械だろう。音声を拾うマイクや、視覚的情報を写すカメラのようなものだ。第14章で述べたように、今やさまざまな技術を利用した多数のEノーズが市場に出回っている。そんなEノーズが、あなたが放つ匂いの受信機として必要となるだろう。両方の腋の下に一つずつ受信機を挟むステレオ方式もいいかもしれない。受信された匂いのメッセージは分析され、デジタル方式にコード化されて、受け手側の匂いの「ラウドスピーカー」または「テレビスクリーン」に転送されなくてはならない。しかしここに来て、わたしたちはすっかり途方に暮れてしまう。送り手側で正確に検知され受け手側に送られた匂い情報を、いったいどうやって再現すればいいのか?

今から数年前に、わたしはＥＵの研究助成プログラム、未来新技術（ＦＥＴ）のあるプロジェクトに参加した。このプロジェクトを立ち上げたのもまた、第2章で紹介したあの頭脳明晰なノーム・ソベルだった。このプロジェクトの根底にあるのはDNAの断片から同調可能な匂い分子を作るというアイデアだった。一種のDNA折り紙〔DNAを折りたたみ、二次元または三次元の任意のナノスケールの形状を作成する技術〕である。前のいくつかの章で述べたように、嗅覚受容体による匂い分子の認識は、鍵が鍵穴にはまるような形で生じると考えられている。適切な匂い分子の鍵が、受容体にある鍵穴にぴったりはまるようにできているのだ。ということは、もしも匂い分子の鍵にそっくりの外観の何かを作ることができれば、理論上は、嗅覚受容体の鍵に匂い情報を認識させ、ある匂いがそこにあることを脳に伝える神経信号を発出させられるはずだ。つまりこの研究の主旨は、嗅覚受容体に収まるDNAの断片を作ることだった。そして次に必要なのは、DNA分子のそれぞれに「同調」を可能にするための磁性体を装着し、それによって、空間特性と匂いの感覚をおそらくはスマートフォンによる遠隔操作で変えられるようにすることだった。

すでにお気づきかと思うが、このプロジェクトは非常にSFめいたものだった。一つの大きな問題はDNA分子が非常に重く空中に浮遊できないため、何らかの方法で揮発させる必要があることで、つまり実際にこのシステムを試してみることは不可能だった。科学の世界の常で、ほかにも実施上の問題点がいくつか出てきたが、それでもこのプロジェクトからいくつかの興味深い洞察が得られた。もしかすると、このプロジェクトから傷を修復するあらたな方法が生まれるかもしれない。しかしそれはまったく別の話だ。

この事例から学べることとは？（匂い分子の）分析装置からデジタル情報を受け取り、適切な匂いの感覚に変換して匂いを放出する機械、嗅覚刺激装置《オルファクトメーター》を作ることは今なお非常に困難だ。単一分子の匂いであれば実現可能だが、前にも述べたように自然界に単一分子の匂いはめったに存在しない。

おそらく真の飛躍的進歩は、嗅神経回路網に接続して電気刺激を加え、匂いの感覚を再現する方法がわかったときに訪れるだろう。現在耳で使われている移植蝸牛《かぎゅう》刺激装置〔皮下に埋め込み全ろう者に音感覚を発生させる電子装置〕のようなものだ。しかしそれはずっと先の話だ。今のところ、科学技術を使って匂いのメッセージを送る方法はわかっていない。今はまだ音や目に見えるものなど、嗅覚以外の知覚に頼らざるを得ない。

では他者を操るために、あるいは自分自身の匂いを変えるためにわたしたちが使っているすべての匂いの未来はどうか？　第2章と第14章で述べたように、それらの匂いを扱う香料産業は、年に何百万ドルもの研究費がつぎ込まれる巨大な成長市場だ。毎年のようにあらたな匂いが合成され、最新の香りとして売り出される。消費者がその製品にお金をつぎ込みたくなるような、たまらなく魅力的な匂いを求めて、心理学的側面と、嗅覚的側面の両面から研究が続けられている。大きな利益に直結する開発だから、間違いなくこの分野は急成長するだろう。

最後に、嗅覚のしくみの真の理解へとつながる次の大飛躍は、匂い分子が嗅覚受容体によってどのように同定されるのか、また鼻の内部のすべての神経細胞から受け取ったメッセージが脳内でどのように最終的な匂いのイメージを織り上げるのかを、わたしたちが本当に理解できたときに訪れるだろう。わたしはそう考えている。

謝辞

わたしはこれまで、一般向けの講演を多数行なってきた。その種のイベントでは、話を聞いてくれた人がわたしのところへやってきて、匂いや嗅覚についての本を書くべきだと言ってくれることがよくあった。本を書くことを勧めてくれたすべての人々にお礼を申し上げる。

本書を執筆中、デボラ・キャプラスには本当にお世話になった。彼女は原稿に不足している情報を見つけ、章立てを考え、文章の流れを整えてくれた。何人かの同僚や友人たち、そして家族も原稿を読んで意見をくれ、おかげで最終稿がずいぶん良くなった。スサン・エルランド、アグネス・エルランド＝ハンソン、オットー・エルランド＝ハンソン、マンフレット・ガー、ジョナサン・ゲルシェンゾーン、リキャルド・イグネル、Markus Knaden、Trese Leinders-Zufall、ヨーアン・ルンドストレーム、Sigrid Netherer、シルケ・ザクセ、マルティン・シュレーダー、そしてノーム・ソベルのみなさんだ。何ページもの原稿を読み、あらたな気づきをあたえてくれ、ときには間違いを正してくれた彼ら全員に感謝する。

最後に、人やほかの生物が終始行なっている身のまわりの環境の化学的分析に、わたしと同じく並々ならぬ興味をもっている、嗅覚研究に携わるすべての同輩たちに感謝を伝えたい。

訳者あとがき

本書の著者ビル・S・ハンソンは、マックス・プランク化学生態学研究所所長であり、「植物と昆虫の、匂いを利用したコミュニケーション」を主な研究テーマとしている。そんな彼が、読者を匂いと嗅覚の神秘的な世界へ案内してくれるのが本作である。

著者も述べているとおり、わたしたち人間は、五感のなかでも嗅覚を軽視しがちである。「匂い」にも否定的なイメージをもっていて、匂いを消そうとしたり、別の匂いをつけてごまかそうとしたりすることが多い。

しかし本書を読むと、生物にとって匂いと嗅覚が思いのほか重要な意味をもっていることがよくわかる。匂いは、食べ物探しや繁殖行動、産卵場所の決定、危険の察知など、生物の生命を維持し命を未来につなげるための行動に、欠くことのできない役割を果たしているのである。

たとえば、オスの蛾は非常に鋭い嗅覚を使ってごく微量のメスのフェロモンの匂いを嗅ぎつけ、パートナーを見つけている。ハエは、天敵の性フェロモンや、腐った食べ物の匂いだけを検知する特別なしくみをもっていて、より確実に危険を回避することができる。また、犬も鋭い嗅覚をもっており、その場に漂う匂いをもとにして、いま現在の出来事だけでなく、過去にそこで何が起きたのか、さらには未来に何が起きるのかまで察知するという。

著者が紹介するそうした例を読んでいくと、彼らほど鋭い嗅覚はもっていないとはいえ、わたしたち人間にとっても、匂いと嗅覚は考えている以上に重要な意味をもっているのではないかと思えてくる（じっさい、母親の乳首の周囲の匂いが赤ん坊の吸飲反射を引き起こし、赤ん坊の頭の匂いに母子の結びつきを強める効果があることがわかっている）。人工的な匂いがあふれている現代ではその能力が十分に発揮できていないかもしれないが、じつは人間も、原始時代にはもっと匂いに頼って生活していたのではないか、と想像が広がっていく。

また、本書には匂いを利用して生きる生物たちの驚異的な姿が多数紹介されていて、それもまた興味深い読みどころとなっている。深海に棲み、匂いを頼りにメスを見つけてその身体に寄生し、やがて精巣以外のすべてを失くしてしまうアンコウのオスや、匂いの信号で仲間を呼び集めて巨木を倒すキクイムシ。匂いで騙して獲物をおびき寄せるナゲナワグモや、腐りかけた動物の死骸の匂いを放ってニクバエをおびき寄せ、無償で受粉を媒介させるデッドホースアラム等々。生きるためにさまざまな策を用いる生物のたくましさに驚かされ、好奇心をそそられる。

そして、匂いと嗅覚の重要性への理解が深まるにつれて、人新世の人間活動がスメルスケープを変化させている、という著者の言葉が心に深く響いてくる。人類が際限なく進めてきた開発や工業化が、匂いが織りなす世界を変えてしまい、変化は今も続いている。このまま何も手を打たずにいれば、スメルスケープの変化が生態系全体に深刻な影響をあたえる可能性がある。それもまた、著者が本書で伝えたいことの一つであり、本書は生態系を破壊する人間の活動に警鐘を鳴らす本でもある。

最後になりましたが、本書を翻訳するにあたり、亜紀書房編集部の高尾豪さんにたいへんお世話になりました。ここに記して感謝申し上げます。

二〇二三年七月

大沢章子

●著者
ビル・S・ハンソン
一九五九年スウェーデン生まれ。神経行動学者。ルンド大学で生物学の博士号を取得。二〇〇一年まで同大にて、〇一年よりスウェーデン農業科学大学にて化学生態学教授。〇六年より、ノーベル賞受賞者を多数輩出しているドイツ最大の科学研究機関マックス・プランク化学生態学研究所の所長を務める。一〇年よりフリードリッヒシラー大の名誉教授。昆虫と植物の相互作用についての神経行動学的研究で知られ、とくに昆虫の嗅覚の研究で名高い。

●訳者
大沢章子（おおさわ・あきこ）
翻訳家。大阪大学人間科学部卒業。訳書に、R・M・サポルスキー『サルなりに思い出す事など　神経科学者がヒヒと暮らした奇天烈な日々』（みすず書房）、S・レ『食と健康の一億年史』（亜紀書房）、R・パルバース『ぼくがアメリカ人をやめたワケ』（集英社インターナショナル）、P・スヴェンソン『ウナギが故郷に帰るとき』（新潮文庫）、R・マッキンタイア『イエローストーンのオオカミ　放たれた14頭の奇跡の物語』（白揚社）など多数。

匂《にお》いが命《いのち》を決《き》める
ヒト・昆虫《こんちゅう》・動植物《どうしょくぶつ》を誘《いざな》う嗅覚《きゅうかく》

二〇二三年九月三〇日　第一版第一刷　発行
二〇二四年八月　八　日　第一版第二刷　発行

著　者　ビル・S・ハンソン
訳　者　大沢章子
発行者　株式会社亜紀書房
〒一〇一‐〇〇五一
東京都千代田区神田神保町一‐三二
電話　〇三‐五二八〇‐〇二六一［代表］
〇三‐五二八〇‐〇二六九［編集］
https://www.akishobo.com

装　丁　木庭貴信＋角倉織音（オクターヴ）
DTP　山口良二
印刷・製本　株式会社トライ
https://www.try-sky.com

Printed in Japan　ISBN978-4-7505-1813-8